AF242506

NEUF MÉMOIRES :

1° MÉMOIRE SUR L'ÉTAT PRIMITIF DE LA TERRE ;

2° PREUVE DU MOUVEMENT DE LA TERRE AUTOUR DU SOLEIL ;

3° MOYEN DE CONSTATER SI LE SOLEIL EST IMMOBILE ;

4° ACTIONS DIURNES DU SOLEIL ET DE LA LUNE
POUR METTRE UN PENDULE EN MOUVEMENT ;

5° TROMBE DE DOUVRES, PRÈS CAEN (CALVADOS) ;

6° ACTIONS DE LA LUNE ET DU SOLEIL SUR LES MARÉES
POUR MODIFIER LA ROTATION DE LA TERRE ;

7° MANIÈRE DONT LA GARANCE COLORE LES OS LONGS
DES ANIMAUX ;

8° SUR L'OUVRAGE DE M. FLOURENS, INTITULÉ :
DE LA LONGÉVITÉ HUMAINE ;

9° SUR L'OIDIUM TUCKERI ;

MÉMOIRE SUR L'ÉTAT PRIMITIF DE LA TERRE.

PREUVE DU MOUVEMENT DE LA TERRE AUTOUR DU SOLEIL.

MOYEN DE CONSTATER SI LE SOLEIL EST IMMOBILE.

DÉTERMINATION DES EFFETS DES ACTIONS DIURNES DU SOLEIL
ET DE LA LUNE POUR METTRE EN MOUVEMENT
UN PENDULE PRIMITIVEMENT EN REPOS.

TROMBE DE DOUVRES, PRÈS CAEN (CALVADOS).

EXAMEN DES ACTIONS DE LA LUNE ET DU SOLEIL
SUR LES ÉLÉVATIONS DE LA MER QUE PRODUISENT LES MARÉES
POUR MODIFIER LA VITESSE DE LA ROTATION DE LA TERRE.

EXPLICATION DE LA MANIÈRE DONT LA GARANCE COLORE
LES OS LONGS DES ANIMAUX.

RÉFLEXIONS SUR L'OUVRAGE DE M. FLOURENS, INTITULÉ :
DE LA LONGÉVITÉ HUMAINE ET DE LA QUANTITÉ DE VIE
SUR LE GLOBE, 4ᵉ ÉDITION, 1860.

MÉMOIRE SUR L'OIDIUM TUCKERI QUI CONDUIT
AUX GÉNÉRATIONS SPONTANÉES.

PAR

J. F. ARTUR

DOCTEUR ÈS SCIENCES
AGRÉGÉ ET EX-PROFESSEUR TITULAIRE DE L'UNIVERSITÉ
DES ACADÉMIES DE CAEN ET DE DIJON
DE LA SOCIÉTÉ D'AGRICULTURE, SCIENCES, ARTS ET BELLES-LETTRES DE BAYEUX

PARIS
CHEZ L'AUTEUR
RUE DU PETIT-PONT, 14
ET CHEZ BERTHOUD FRÈRES, LIBRAIRE
QUAI DES GRANDS-AUGUSTINS, 45.

1870

PRÉFACE DE L'AUTEUR.

———

Le 7 août 1865, je lus le premier Mémoire à l'Académie des sciences.

Commissaires : MM. Delafosse, Charles Sainte-Claire Deville et Daubrée.

Dans le *Compte rendu* du 7 août 1865, page 244, on n'a mis que le titre, en écrivant Arthur au lieu de Artur.

Au sujet de l'analyse du même Mémoire dans *les Mondes* du 10 août 1865, t. VII, p. 630.

Je remis à M. l'abbé Moigno les observations suivantes dont il n'a pas tenu compte.

Il ne résulte même pas de cette analyse que j'ai combattu le système des *soulèvements* et admis celui des *affaissements*.

J'ai de plus prouvé que les volcans, les geysers d'Islande, les lagonis de Toscane, les tremblements de terre, etc., proviennent d'expansions occasionnées dans l'épaisseur de la croûte solidifiée du globe, et l'on dit que je les attribue à des poussées contre la surface intérieure de cette même croûte.

Cette analyse de mon Mémoire se termine ainsi :

« Nous ne dirons rien de la seconde partie du Mémoire
« de M. Artur, qui croit très-naïvement aux Générations
« spontanées, aux transmutations des êtres, etc. Pour
« un esprit habitué à la rigueur mathématique, c'est
« presque une abdication. »

Ce sont sans doute les *Idées théologiques* de M. l'abbé Moigno qui l'ont conduit à s'exprimer ainsi à mon égard ; mais de pareilles bases, si variables selon les temps et suivant les lieux, ne peuvent pas servir pour combattre les conséquences auxquelles j'ai été conduit si logiquement de diverses manières, et surtout d'après les preuves incontestables qui résultent des *Observations géologiques*.

Sur la preuve du mouvement de la terre autour du soleil, etc.

Aux réunions des 21, 22, 23 novembre 1861, provoquées par S. Exc. le ministre de l'instruction publique, je lus ou plutôt je fis part verbalement et très-brièvement du contenu de mes trois Mémoires ; car le temps que l'on m'accorda pour cette communication fut seulement de quelques minutes.

Examen des actions de la lune et du soleil sur les élévations de la mer que produisent les marées pour modifier la vitesse de la rotation de la terre.

Le 18 mars 1867, je lus ce Mémoire à l'Académie des sciences.

Commissaires : MM. les membres de la section d'astronomie.

MÉMOIRE

SUR

L'ÉTAT PRIMITIF DE LA TERRE

SUR L'ÉTAT PRIMITIF DE LA TERRE.

1. La densité moyenne de la terre surpassant cinq fois celle de l'eau, il s'ensuit que son intérieur a plus de densité que les couches de sa surface, qui sont formées de substances dont la pesanteur spécifique est inférieure à trois, excepté pour la petite quantité de quelques métaux qui s'y trouvent et pour certains composés qui en contiennent assez souvent.

On est donc conduit à considérer la terre comme ayant été fluide ou au moins dans un état assez mou, pour que les corps les plus pesants aient pu descendre vers son centre.

La rotation de la terre et son aplatissement aux pôles indiquent aussi qu'elle a été fluide ou au moins assez molle pour lui permettre de prendre la forme d'un ellipsoïde aplati vers les pôles, comme sa révolution l'exige.

SUR LES DIVERS SYSTÈMES GÉOLOGIQUES.

2. Le *Système Neptunien*, qui consiste à regarder la terre comme ayant eu ses diverses parties solides dissoutes par l'eau ou par d'autres liquides qui les ont successivement déposées par couches, est généralement abandonné par la difficulté insurmontable d'indiquer comment l'énorme quantité du liquide ou des liquides primitifs et indispensables à cette dissolution a pu disparaître ensuite.

3. Le *Système Plutonien*, qui consiste à regarder la terre comme ayant été à l'état incandescent ou de fusion, d'après lequel sa masse était formée de substances plus ou moins molles, de liquides et de gaz, n'éprouve pas la même objection que le *Système Neptunien;* car on conçoit aisément la perte de la chaleur terrestre par suite du rayonnement dans l'espace.

Ce *Système Plutonien* est aussi appuyé sur les élévations de la température à mesure que l'on descend plus bas dans le sol ainsi que sur les sources chaudes dont les eaux ont pénétré à des profondeurs plus ou moins considérables.

Le *Système Plutonien* étant généralement admis par les géologues, il convient d'examiner la manière dont la plupart des partisans de ce *Système* conçoivent les changements successifs que notre globe a éprouvés depuis son incandescence totale pour arriver dans l'état où il se trouve maintenant, afin d'en montrer les invraisemblances, et pour indiquer ensuite les conséquences naturelles qui ont dû résulter de ce refroidissement successif de la terre, d'après les lois physiques et chimiques.

4. Le refroidissement successif de la terre et surtout celui de sa surface solidifia peu à peu cette dernière, sur laquelle la vapeur d'eau condensée qui y tombait, s'évaporait avec plus

ou moins de promptitude, suivant que la surface extérieure solidifiée, qui la recevait, se trouvait encore plus ou moins chaude.

Quand cette surface fut assez refroidie pour ne plus évaporer la totalité de l'eau qu'elle recevait, cette dernière couvrit plus ou moins la croûte terrestre.

A partir de cette époque, on dit généralement que la force expansive de la masse incandescente, située sous la partie solidifiée, souleva cette dernière à différents endroits et forma des élévations et par suite des cavités situées entre elles aux lieux qui avaient résisté à la poussée intérieure qui tendait à les soulever.

Par suite de ces soulèvements, les eaux s'écoulèrent dans les cavités pour y former des étendues d'eau plus ou moins considérables, dans lesquelles aboutirent aussi les ruisseaux provenant des pluies sur les élévations.

Les diverses substances dissoutes ou non que ces eaux transportaient, se déposaient par couches successives dans les fonds et sur leurs bords.

Après la formation de ces montagnes primitives par soulèvement et les conséquences qui s'ensuivent, on ajoute que la force expansive de la partie incandescente et intérieure du globe, en continuant à s'exercer, parvint encore à élever des portions de la surface terrestre pour former de nouvelles montagnes ainsi que des vallées dans lesquelles les cours d'eau transportèrent de même des substances dissoutes ou non et les y déposèrent par couches successives.

En continuant à faire agir la force expansive de la masse intérieure et incandescente du globe, on dit qu'elle parvint de nouveau à élever des montagnes et par suite à former des vallées à l'égard desquelles les phénomènes ci-dessus indiqués se succédèrent comme précédemment et ainsi de suite pour de nouveaux soulèvements.

5. Après la solidification de la surface terrestre sur la partie intérieure et incandescente, les lois physiques ne permettent pas d'admettre que le refroidissement graduel de cette der-

nière ait continuellement produit des expansions qui soulevaient successivement certains endroits de la partie solidifiée pour former les montagnes primitives, secondaires, etc., et par suite les vallées.

Par suite des lois physiques, il est évident que la masse incandescente de la terre, située sous l'enveloppe solidifiée, diminua constamment de volume en se refroidissant, et par suite forma un vide général et peut-être des vides particuliers au-dessous de la croûte supérieure; d'où il résulta ensuite des affaissements de cette dernière qui engendrèrent des vallées entre les parties solides restées en place, et qui formèrent les montagnes primitives, sous lesquelles la masse incandescente fut plus ou moins refoulée.

La masse intérieure et incandescente du globe, en se refroidissant encore, laissa des vides entre elle et la croûte solidifiée, qui s'était déjà affaissée à différents endroits, et par suite, il se forma de nouveaux affaissements qui engendrèrent des vallées ainsi que des montagnes; puis les phénomènes précédents se continuèrent un nombre de fois plus ou moins considérable.

Cette manière de concevoir les formations successives des vallées et des montagnes primitives, secondaires, etc., rend compte du niveau plus ou moins régulier des sommités de chaque chaîne, dont les flancs ont été successivement changés par des éboulements, des dégradations provenant des cours d'eau, des infiltrations, des gelées, etc., qui ont transporté et qui transportent encore leurs débris en couches plus ou moins régulières dans les vallées.

Dans le système des soulèvements, il est difficile, pour ne pas dire impossible, de concevoir la régularité nécessaire entre la force expansive intérieure et la résistance convenable dans chaque partie de la nouvelle chaîne de montagnes qui se formait, pour que ses diverses sommités, qui sont encore apparentes, aient été sensiblement élevées au même niveau.

6. L'idée d'un déluge universel rencontre les objections qui ont fait abandonner le *Système Neptunien*, n° 2.

Chaque affaissement assez considérable du sol occasionna généralement une inondation sur sa nouvelle surface ou un déluge partiel.

On cite les déluges de Moïse, de Deucalion, d'Ozygès, etc., comme étant postérieurs à l'apparition de l'homme sur la terre. Sans les nier, ni même rejeter cette dernière assertion, il me paraît irrécusable qu'ils sont antérieurs à toute histoire authentique; car ils ne sont appuyés sur aucune tradition certaine et les détails dont on les accompagne sont peu propres à les faire admettre comme étant postérieurs à la civilisation.

7. Le refroidissement continuel de la masse incandescente du globe est en opposition avec l'idée d'une action permanente de son expansion, et par suite de sa pression contre l'intérieur de la partie solidifiée.

Si cependant l'on voulait supposer qu'une cause quelconque, comme la réduction en vapeur d'une plus ou moins grande quantité d'eau qui parviendrait jusqu'à la partie incandescente ou toute autre cause qui produirait des gaz et des vapeurs entre la croûte et la portion intérieure incandescente ou qui augmenterait le volume de cette dernière, etc.; il en résulterait nécessairement une pression sur la surface de la partie centrale, qui en serait plus ou moins refoulée et condensée ainsi que sur l'intérieur de la croûte qui se dilaterait; puis au moment où cette dernière céderait à la pression, il se dégagerait presque instantanément une quantité énorme de gaz, de vapeurs et de matières plus ou moins incandescentes par suite des réactions de la croûte solidifiée et de la masse intérieure qui remplirait plus ou moins la cavité ou les cavités que l'expansion précédente aurait formées; puis les nouvelles réactions des dernières causes feraient bientôt redescendre les portions restées dans le conduit ou les conduits qui auraient servi à l'émission des matières, etc.

Les volcans les plus considérables sont loin de produire

des effets comparables aux précédents et à tous les autres qui auraient nécessairement lieu s'ils provenaient réellement d'une force expansive agissant sur l'intérieur de la croûte solidifiée du globe (1).

Les volcans proviennent donc des expansions produites

---

(1) Soient $R = CA$, fig. 1, le rayon moyen de la terre supposée sphérique, $E = AB$ l'épaisseur de la couche solidifiée.

Fig. 1.

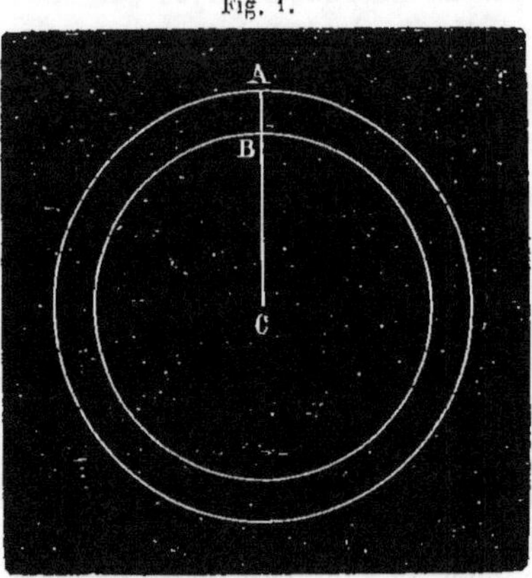

Le volume de la sphère CB est $\dfrac{4}{3}\pi (R - E)^3$.

Le volume de la sphère qui a $CB + \delta$ pour rayon est $\dfrac{4}{3}\pi (R - E + \delta)^3$.

L'excès du volume de la dernière sphère sur celui de la première est

$$\frac{4}{3}\pi \left\{ 3(R - E)^2\delta + 3(R - E)\delta^2 + \delta^3. \right\}$$

Pour les petites valeurs de δ, on peut négliger les deux derniers termes par rapport au premier.

En égalant le premier terme $4\pi(R - E)^2\delta$ au volume *un kilomètre cube* de matières qu'aucun volcan n'a probablement jamais rejeté dans une première émission plus ou moins instantanée, on a :

$$4\pi(R - E)^2\delta = 1^{\text{kil. c.}} = 1000^3 \text{ mèt.} = 1000000000^{\text{mc}}.$$

d'où :

$$\delta = \frac{1000000000}{4 \times 3,14159 (6366203 - 66203)^2} = 0^{\text{m}},000002005 = 0^{\text{mm}},002005 \text{ ; en}$$

par des combinaisons chimiques et peut-être par d'autres actions qui ont lieu dans la croûte solidifiée du globe.

Les variations de volumes résultant de ces combinaisons ainsi que les gaz qui peuvent en résulter produisent les geyzers d'Islande, les lagoni de Toscane, le soulèvement d'une partie des côtes de Suède, les variations successives du niveau du sol de Pouzzole, les tremblements de terre, etc.

L'inaction apparente des volcans, qui dure quelquefois des siècles, prouve que les causes qui produisent leurs effets peuvent être longtemps suspendues ou qu'elles se développent très-lentement.

L'eau paraît jouer un rôle important dans les phénomènes volcaniques; car la majeure partie des volcans terrestres, qui sont encore en activité, est peu éloignée des côtes.

L'élévation de la température des couches de la terre à mesure que l'on descend à de plus grandes profondeurs provient de la lenteur de leur refroidissement par rapport à celui de la surface supérieure, de la chaleur qu'elles reçoivent de la partie intérieure et encore incandescente ainsi que du calorique qui leur arrive, des combinaisons chimiques qui ont eu lieu et de celles qui s'effectuent encore dans la portion solidifiée du globe, etc.

8. A mesure que l'épaisseur de la couche solidifiée du globe s'accroissait par suite de ses affaissements partiels successifs résultant du refroidissement intérieur, elle acquérait plus de force et elle résistait plus longtemps à sa chute

---

adoptant $\dfrac{40000000^{\mathrm{m}}}{2\pi} = 6366203$ mètres pour le rayon moyen CA de la terre et $66203^{\mathrm{m}} = 66^{\mathrm{kil.}},203$ pour l'épaisseur AB de sa croûte solidifiée.

Il suffirait donc que l'expansion produite par la masse incandescente et par les gaz dégagés entre elle et la croûte solidifiée, augmentât de $0^{\mathrm{mm}},002$ le rayon intérieur CB de cette dernière pour que sa réaction expulsât *un kilomètre cube* de matières pendant la première émission plus ou moins instantanée. Dans ce qui précède, on a encore négligé la diminution que le volume intérieur et primitif de la croûte solidifiée subirait par suite de la première réaction de cette dernière, ainsi que les effets de la masse incandescente intérieure.

dans la cavité ou les cavités qui s'agrandissaient de plus en plus sous elle par suite du refroidissement de plus en plus lent de la masse intérieure et incandescente; d'où il suit que les divers affaissements des portions de la couche solidifiée qui eurent lieu produisirent des enfoncements d'autant plus considérables que les vides situés dessous étaient plus grands; il en résulta donc de grandes différences de niveau entre les vallées produites et les élévations qui les environnaient, et par suite de grandes différences de températures entre ces dernières et les fonds des mêmes vallées.

C'est à ces différences de températures qu'il faut attribuer l'époque appelée *glacière*, pendant laquelle les glaciers de la Suisse, de la Scandinavie et probablement d'autres encore prirent les grandes extensions dont on constate encore les traces.

Les dégradations continuelles des élévations de l'époque *glacière*, qui descendaient dans les vallées, affaiblissaient sans cesse les différences de niveau et par suite celles des températures; d'où il résultait nécessairement des diminutions successives sur les étendues des glaciers en les réduisant peu à peu à celles qu'ils ont actuellement.

9. Dans le cas des $\left\{ \begin{matrix} \text{affaissements} \\ \text{soulèvements} \end{matrix} \right\}$ successifs de diverses portions de la croûte terrestre, il en résulte que des parties plus ou moins volumineuses de cette croûte et de la masse intérieure ont été plus ou moins $\left\{ \begin{matrix} \text{rapprochées} \\ \text{éloignées} \end{matrix} \right\}$ du centre du globe, et par suite sa vitesse de rotation en a été $\left\{ \begin{matrix} \text{augmentée} \\ \text{diminuée} \end{matrix} \right\}$ ou, en d'autres termes, la durée du jour en a été $\left\{ \begin{matrix} \text{diminuée} \\ \text{augmentée} \end{matrix} \right\}$. Ces actions n'ayant pas influé sur la durée de l'année, il s'ensuit que cette dernière est composée de $\left\{ \begin{matrix} \text{plus} \\ \text{moins} \end{matrix} \right\}$ de jours qu'autrefois.

Laplace a trouvé que la durée du jour n'a pas sensiblement varié, depuis les temps historiques ; d'où il résulte que la vitesse de la rotation de la terre ainsi que son volume apparent n'ont pas été notablement altérés depuis la même époque.

Si l'on pouvait s'assurer que la durée du jour a $\begin{Bmatrix} \text{diminué} \\ \text{augmenté} \end{Bmatrix}$ depuis les époques les plus anciennes, ce serait une preuve qu'en géologie, il faut admettre le système des $\begin{Bmatrix} \text{affaissements} \\ \text{soulèvements} \end{Bmatrix}$ (1).

---

(1) Soit le cercle CA, fig. 2, qui tourne de droite à gauche autour de son centre C dans le sens indiqué par la flèche.

Fig. 2.

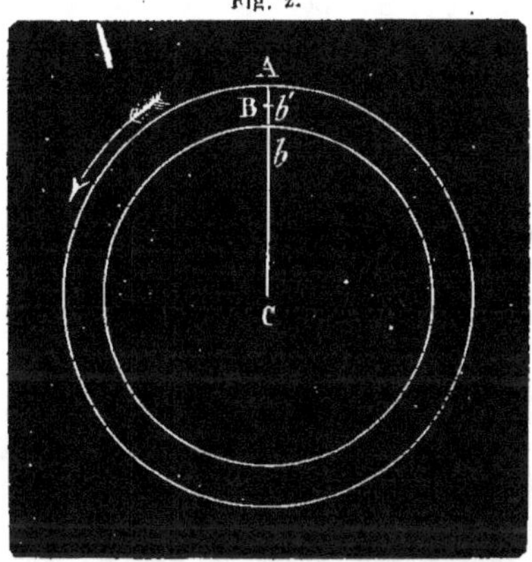

Si le point matériel B du rayon CA s'approche en *b* du centre C, ce changement de position du point B n'altère pas sa vitesse absolue, puisqu'il s'est déplacé perpendiculairement à la direction de son mouvement et par suite le temps de sa révolution entière autour de C s'en trouve diminué dans le rapport de circonférence CB à circonférence C*b* ou de CB à C*b*, en admettant qu'en B et *b* ce point matériel est indépendant des parties qui l'entourent. On a donc :

$$CB : Cb :: T : t$$

en représentant par T le temps de sa révolution autour de C, lorsqu'il est en B, et par *t* celui de sa révolution, quand il se trouve en *b*.

Il en serait de même, si tous les points matériels situés sur la circonférence CB se transportaient sur la circonférence C*b*.

Dans le cas où le point matériel B s'éloignerait en b' du centre C; on obtiendrait de même

$$CB : Cb' :: T : t',$$

en représentant par t' le temps de la révolution entière de B transporté en b'.

Il en serait de même si tous les points matériels situés sur la circonférence CB se transportaient sur la circonférence Cb'.

Si tous les points matériels du rayon CA $\begin{Bmatrix} \text{s'approchaient} \\ \text{s'éloignaient} \end{Bmatrix}$ du centre C proportionnellement à leurs distances de C, ils resteraient constamment sur chaque direction que prendrait successivement le rayon CA, en tournant autour de C, et par suite, on aurait comme ci-dessus :

$$\begin{Bmatrix} CB : Cb :: T : t \\ CB : Cb' :: T : t' \end{Bmatrix}$$

Il en serait de même, si tous les points matériels de la surface du cercle CA $\begin{Bmatrix} \text{s'approchaient} \\ \text{s'éloignaient} \end{Bmatrix}$ du centre C de quantités proportionnelles à leurs distances de C.

Soient PEP'Q, fig. 3, un méridien de la terre supposée sphérique, EQ l'intersection de ce méridien avec l'équateur, GFH l'intersection du même méridien avec le parallèle correspondant à la latitude nord EG.

Fig. 3.

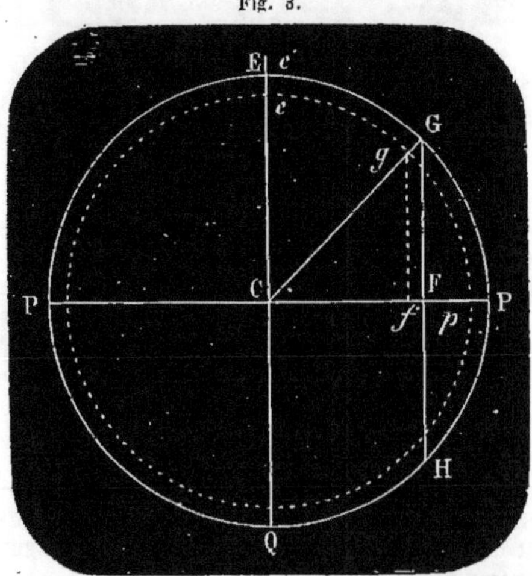

Si tous les points matériels de la circonférence CP du méridien, se

Causes qui ont donné à la lune la forme de sa surface et celles des planètes.

10. La cause ou les causes inconnues, qui ont produit l'incandescence de la terre, ont dû occasionner un effet ana-

---

rapprochaient également du centre C, en venant sur la circonférence Cp; il en résulterait, comme précédemment, que l'on aurait

Circ. CE : circ. Ce :: CE : Ce :: CG : Cg :: GF : gf :: T : t

en représentant par T le temps de la rotation de la terre et par t celui de la nouvelle rotation de la circonférence Cp; car chaque point E, G, etc., de la circonférence CP s'approche du diamètre PP′ de quantités proportionnelles aux rayons CE, FG, etc.

Comme on peut en dire autant de toutes les circonférences des méridiens terrestres; il s'ensuit que l'on a aussi

CE : Ce :: surf. sph. CP : surf. sph. Cp :: T : t.

Si les surfaces matérielles de toutes les sphères intérieures et concentriques à la surface de la sphère CP $\left\{ \begin{matrix} \text{s'approchaient} \\ \text{s'éloignaient} \end{matrix} \right\}$ du centre C de quantités proportionnelles à leurs rayons et qu'elles eussent la même densité, on aurait de même

$$\left\{ \begin{matrix} \text{CE} : \text{C}e :: \text{T} : t \\ \text{CE} : \text{C}e' :: \text{T} : t' \end{matrix} \right\}$$

Il suit de là que le temps T de la rotation de la terre a $\left\{ \begin{matrix} \text{diminué} \\ \text{augmenté} \end{matrix} \right\}$ en devenant $\left\{ \begin{matrix} t \\ t' \end{matrix} \right\}$ si son volume a $\left\{ \begin{matrix} \text{diminué} \\ \text{augmenté} \end{matrix} \right\}$, en devenant celui de la sphère $\left\{ \begin{matrix} \text{C}e \\ \text{C}e' \end{matrix} \right\}$.

La proportion CE : Ce :: T : t donne CE $- $ Ce : CE :: T $- t$: T; d'où T $- t =$ T $\times \dfrac{Ee}{CE}$.

En admettant T $= 23^{\text{h}},56' = 86160''$ et $\dfrac{Ee}{CE} = \dfrac{6,366203}{6366203} = 0,000001$; renvoi du n° 7, on a T $- t = 86160'' \times 0,000001 = 0'',086160$ pour la diminution de la durée de la rotation de la terre, si son rayon moyen avait diminué de 6^{m},366203 par suite des affaissements successifs du sol.

On aurait T $- t = 0'',0086160$, si le rayon terrestre avait diminué de 0^{m},6366203.

logue sur la lune : c'est ce qui est aussi indiqué par l'allongement de notre satellite vers nous, comme de la Grange y a été conduit dans sa « Théorie de la libration de la lune, et des autres phénomènes qui dépendent de la figure non sphérique de ce satellite. » Voyez *les Mémoires de Berlin,* année 1780, p. 201.

Le refroidissement continuel de la lune y a occasionné, comme sur la terre, des affaissements successifs, qui ont produit des cavités dans lesquels les seuls éboulements naturels et postérieurs ont pu y faire tomber des portions plus ou moins considérables des parties de leurs contours, car il n'y a pas d'atmosphère sensible à sa surface, et par suite de vapeurs enlevées à cette même surface, puis condensées sur les élévations, pour y donner naissance à des écoulements liquides qui dégradent et transportent continuellement ou par intervalles des portions des parties élevées dans les cavités, comme cela se produit sur notre globe au moyen des cours d'eau, des filtrations, des gelées, des glaciers, etc., qui dégradent perpétuellement les flancs des montagnes, les côteaux, les endroits plus ou moins élevés, etc., et qui transportent sans cesse plus ou moins de leurs débris dans les vallées, les bassins des mers, etc.

En observant que la pesanteur à la surface de la lune est seulement 0,163 de celle de la terre, *Annuaire du bureau des longitudes* de 1851, p. 305 ; il s'ensuit que les éboulements naturels sur notre satellite y sont plus difficiles que sur notre globe, à moins que la cohésion des matières de la surface lunaire ne soit très-sensiblement inférieure à celle des corps terrestres.

Ce qui précède rend compte :

1º Des différences de niveau entre certains fonds des cavités lunaires et les hauteurs environnantes, dont quelques-unes surpassent non-seulement les élévations de nos plus hautes chaînes de montagnes au-dessus des vallées qui les avoisinent, mais encore au-dessus des mers ;

2º Des cavités qui se trouvent isolées, comme le sont quelquefois nos montagnes, par suite de l'absence des dégradations de leurs contours.

L'aplatissement en général des planètes vers leurs pôles, qui est insensible pour Mercure, Vénus et Neptune, peu sensible pour Uranus, de 1/30 pour Mars, de 1/17 pour Jupiter et de 1/11 pour Saturne, indique qu'elles ont été originairement fluides ou au moins très-molles : ces états provenaient sans doute de leurs incandescences primitives.

Sur l'apparition des êtres organisés à la surface de la terre.

11. Les êtres organisés n'ont certainement pas existé à la surface de notre globe avant que sa température fût assez abaissée pour leur permettre d'y vivre.

Lorsque la surface de la terre fut assez refroidie pour y permettre le séjour des eaux, il s'y développa sans doute des végétaux et des animaux aquatiques, dès que la température ne s'opposa plus à leur existence.

Après les premiers affaissements d'une ou de plusieurs parties de la croûte solidifiée du globe, l'émersion des parties restées en place qui en résulta, par suite de l'écoulement des eaux dans les vallées, permit l'apparition de végétaux et ensuite d'animaux terrestres.

Les débris et les empreintes des êtres organisés que l'on trouve dans les couches les plus profondes du sol qui en contiennent, prouvent que ces êtres étaient simples et peu variés par rapport à ceux qui existent maintenant.

Il est probable, pour ne pas dire certain, qu'avant les êtres organisés dont on trouve encore des débris ou des traces, il en avait déjà existé d'autres plus simples, dont le peu de consistance ou la mollesse leur empêchèrent de laisser des parties persistantes ou des empreintes dans le sol.

Disons en passant que ces considérations, qui résultent des faits observés, conduisent directement aux *Générations spontanées* que l'on ferait mieux d'appeler *Générations naturelles*, à moins d'admettre que la nature a perdu de ses propriétés.

Plusieurs personnes m'ont demandé ce que l'on entend

par *Génération spontanée* que l'on devrait appeler *Génération naturelle*.

On peut répondre que c'est la *Formation* ou la *Création naturelle* et sans *Germe préalable* d'une *Utricule organique* qui en développe ensuite d'autres comme on l'a vu pour les *Conferves*, n° 95 de ma *Capillarité*.

Avant que l'on eût obtenu chimiquement des composés organiques au moyen de substances inorganiques, on était porté à dire et à croire que nos expériences étaient impropres à suppléer aux actions naturelles.

M. Wohler paraît être le premier qui ait certainement obtenu, en 1828, la base organique *urée*, en évaporant à sec le cyanate d'ammoniaque dissous dans l'eau, lequel était fourni en oxydant le cyanoferrure de potassium par le peroxyde de manganèse au rouge [sombre, dont la double décomposition par le sulfate d'ammoniaque conduit au cyanate d'ammoniaque.

On peut remarquer que l'azote entre dans le premier composé organique obtenu chimiquement.

En 1831, M. Pelouze parvint à l'acide formique, en chauffant au contact des acides ou des alcalis concentrés l'acide hydrocyanique que l'on produit avec des substances inorganiques.

En 1845, M. Kolbe forma de l'acide acétique sans l'intervention de matières organiques.

Sans entrer dans d'autres détails, j'ajouterai seulement que M. Berthelot a obtenu le composé organique *éthylène* au moyen du sulfure de carbone et de l'acide sulfhydrique en présence du cuivre métallique, qui sont trois substances inorganiques.

L'éthylène, traité par l'acide sulfurique, lui a donné l'alcool ordinaire; puis ce dernier l'a conduit à la benzine.

La benzine, traitée par l'oxychlorure de carbone, donne le chlorure de benzoïle, lequel étant décomposé par l'eau conduit à l'acide benzoïque, qui est une substance organique riche en carbone, et dérivant par synthèse de composés inorganiques.

Il convient cependant d'observer que l'on n'a jusqu'ici obtenu chimiquement que des substances organiques non utriculaires.

A mesure que l'on s'élève au-dessus des couches les plus profondes qui contiennent des restes et des empreintes organiques, on observe que les organisations des végétaux et des animaux se sont de plus en plus compliquées, probablement par suite des influences de la variation de la température dans chaque endroit, par les changements survenus dans les agents atmosphériques, comme la diminution successive de l'acide carbonique dans l'air, à mesure que les dépôts houillers augmentaient, etc., par la formation de nouveaux composés chimiques au moyen des émanations des êtres organisés, de leurs décompositions après la mort, etc. Ces variations dans les êtres organisés paraissent avoir eu lieu successivement et sans changements brusques, car les débris et les empreintes dans les diverses couches ont d'autant plus de différences entre eux que ces dernières sont plus éloignées.

On peut ajouter que l'état actuel de l'organisation à la surface de la terre oblige à admettre :

1° Que les divers carnassiers ont été précédés par les herbivores ;

2° Que ces derniers n'ont paru qu'après les végétaux ;

3° Que les oiseaux sont postérieurs aux insectes, à la production des graines, etc. ;

4° Que les divers êtres organisés sont antérieurs à leurs parasites, comme ces derniers ont précédé les leurs, etc.

Ces faits sont en opposition avec l'idée d'une création unique ainsi qu'avec celle d'une création nouvelle après chaque destruction complète de l'organisation précédente par une cause quelconque ; car on ne trouve nulle part un passage brusque entre les restes apparents et les empreintes des êtres organisés dans une couche terrestre et ceux de la couche qui la précède ou celle qui la suit ; en effet, il y a toujours entre les débris et les empreintes d'autant moins de différences que les dépôts sont moins éloignés.

D'ailleurs on peut ajouter que la destruction prompte et

entière des seuls êtres organisés vivant sur toutes les parties du sol émergé, exige un déluge universel, à l'égard duquel on trouve les objections qui ont fait abandonner le *système Neptunien*, n° 2.

Il est même difficile, pour ne pas dire impossible, d'admettre seulement la destruction complète des êtres organisés terrestres dans toute l'étendue d'une vallée par une inondation ou un déluge partiel, qui aurait rempli en partie ou même en totalité la cavité provenant de l'affaissement d'une portion plus ou moins étendue de la croûte terrestre; car il se trouva incontestablement, surtout vers les bords de la partie affaissée et au delà, des êtres organisés terrestres qui échappèrent à leur destruction. Une pareille inondation ne fit certainement pas périr tous les êtres organisés aquatiques de la partie submergée et de celles qui l'inondèrent.

Chaque affaissement d'une portion de la croûte terrestre produisit des élévations relatives des parties restées en place ainsi qu'une diminution de leurs températures et de la pression atmosphérique, une variation sur la quantité de vapeur dans l'air, etc., et par suite des changements de climats qui durent forcer plus ou moins certains êtres organisés non détruits instantanément à se modifier ou à périr eux-mêmes plus ou moins lentement ou par la dégénérescence successive de leurs descendants.

12. Au sujet des transformations successives des êtres organisés auxquelles on a été conduit précédemment, on oppose que depuis Aristote et même depuis les temps historiques, certains êtres organisés n'ont pas éprouvé de variations appréciables; mais on peut répondre que depuis les mêmes époques les divers climats n'ont pas varié sensiblement.

Cependant il est incontestable.

1° Que la domestication et peut-être des causes inconnues ont tellement changé certains animaux qu'il est maintenant impossible de remonter à leurs origines. (Poule, mouton, chameau, dromadaire, chien, bœuf, cheval. Ces trois derniers, qui sont à l'état sauvage, proviennent de ceux que l'homme a abandonnés. Voyez *De la longévité humaine et de la quantité de vie sur la terre;* par M. Flourens, 4ᵉ édition, p. 110.) On y trouve de même que le mammouth, le mastodonte, le dinothérium, le mégathérium ont disparu avant les temps historiques. Cependant, en 1799, un manimouth entier avec sa peau fut mis à découvert dans la glace, au bord de la mer Glaciale, près l'embouchure de la Léna, et trouvé par un pêcheur tongouse : son cou avait une longue crinière et sa peau était converte de longs poils ou de laine rougeâtre. On en retira plus de 30 livres qui étaient enfoncés dans le sol humide par suite du piétinement des ours blancs qui avaient dévoré plus ou moins de sa chair. Page 120 et aux environs, M. Flourens dit qu'une multitude d'herbivores et de carnassiers plus ou moins analogues à ceux que nous connaissons ont disparu.

2° Qu'il en a été de même à l'égard de la culture et autres causes sur certains végétaux dont on ne peut remonter à leur origine (Blé, ete).

Relativement aux êtres organisés qui ont successivement disparu dans les temps antéhistoriques, ils ont sans doute péri par suite des changements de climats. A l'égard de ceux qui ont été anéantis depuis l'existence de l'homme, on en doit attribuer la principale cause à ce dernier.

Enfin, si l'on demande comment les divers êtres organisés ont successivement été transformés en se perfectionnant sur la surface de la Terre.

Il est impossible de répondre à cette question; car nous connaissons seulement certains débris et des empreintes de portions plus ou moins résistantes qui faisaient partie des êtres organisés détruits; or ces restes et les parties qui ont laissé des empreintes n'appartenaient pas aux organes les plus importants parmi ceux qui composaient ces végétaux et ces animaux.

13. On peut se demander si la terre est le seul corps sur lequel il existe des êtres organisés.

Afin de répondre à cette question, il faut d'abord examiner les rapports qui existent entre notre globe et ceux qui occupent l'espace.

Pour y parvenir, commençons par les planètes :

1° Les planètes ont leurs jours et leurs nuits comme la Terre.

Mercure, Vénus, la Terre et Mars tournent à peu près en vingt-quatre heures sur leurs axes de rotation; puis Jupiter et Saturne en dix heures environ.

2° Les planètes ont leurs années et leurs saisons comme la Terre.

Mercure fait sa révolution autour du Soleil en 88 jours, Vénus en 225 jours, la Terre en un an, Mars en 687 jours, Jupiter en 4,333 jours, Saturne en 10,759 jours, Uranus en 30,689 jours.

3° Il y a des planètes plus volumineuses que la Terre et d'autres le sont moins.

En représentant par *un* le diamètre de la Terre, celui de Mercure est 0,39, celui de Vénus 0,97, celui de Mars 0,56, celui de Jupiter 11,56, celui de Saturne 9,61, celui d'Uranus 4,26.

4° Deux planètes sont plus près du Soleil que la Terre, les autres en sont plus éloignées.

En représentant par *un* la distance moyenne de la Terre au Soleil, celle de Mercure est 0,387, celle de Vénus 0,723, celle de Mars 1,524, celle de Jupiter 5,203, celle de Saturne 9,539, celle d'Uranus 19,183.

5° Les climats des planètes dépendent de leurs distances au Soleil, de leurs volumes, de leurs atmosphères, des inclinaisons de leurs orbites sur l'écliptique, etc.

L'absence d'atmosphère sur une planète est insuffisante pour affirmer qu'il n'y a pas d'êtres organisés sur sa surface; car on conçoit aisément que des végétaux et des animaux peuvent exister sans respirer comme ceux de la Terre.

Les mouvements des satellites autour de leurs planètes sont plus ou moins analogues à ceux de ces dernières autour du Soleil.

Le diamètre de la Lune est les 0,27 de celui de la Terre.

A l'égard des cent-dix petites planètes connues et de celles que l'on découvrira probablement encore entre Mars et Jupiter, on ne peut guère leur refuser des êtres organisés, surtout s'il se confirme que les simples aérolithes en possèdent, d'après un composé ou des composés organiques qu'on assure avoir trouvé sur l'un d'eux et même sur plusieurs.

Chaque étoile, plus ou moins visible parmi le nombre immense que l'on aperçoit dans l'espace, est très-probablement, pour ne pas dire certainement, comme notre *Soleil*, le centre d'un *système planétaire*.

Sans entrer dans de plus longs détails, il est impossible de nier l'existence d'êtres organisés sur les planètes et sur les satellites de notre *système solaire*, ainsi que sur l'immensité des corps situés dans les autres *systèmes* qu'on peut appeler *stellaires*.

Il est nécessaire d'observer que les différences plus ou moins grandes entre les climats des divers corps habités, ne permettraient certainement pas aux mêmes êtres organisés de trouver sur chacun d'eux ce qui est indispensable à leur existence et à leur reproduction.

Dans le Mémoire précédent, j'ai cherché à faire prévaloir le système des *affaissements* de Constant Prévost, mon maître, par tous les moyens que la science géologique a pu me fournir.

Ce système des *affaissements* est maintenant généralement abandonné par les géologues qui préconisent le système des *soulèvements*.

14. Dans la séance du 23 mai 1870, des *Comptes rendus de l'Académie des sciences*, tome LXX, page 1141, on trouve ce qui suit :

« *Géologie. — Sur deux faits contemporains de soulève-* « *ment*. Extrait d'une lette de M. de Botella à M. Élie de Beau- « mont.

« Madrid, 18 mai 1870.

« Voici deux faits de soulèvement très-curieux que je

« me permets de soumettre à votre appréciation, parce qu'ils
« sont complétement authentiques.

« Dans la province de Zamora, on observe que, du village
« de Villar-don-Diego, on découvre aujourd'hui la moitié de
« la tour du clocher de Benifarzes, village de la province de
« Valladolid, tandis qu'il y a vingt-trois ans, en 1847, on
« apercevait à peine la pointe de ce même clocher.

« Le même fait s'est reproduit avec la même intensité et dans
« les mêmes circonstances dans la province d'Alava, et l'on
« y observe que, depuis le village de Salvatierra, on découvre
« aujourd'hui en entier le village de Salduende, tandis qu'en
« 1847 c'est à peine si l'on distinguait la girouette de son
« clocher.

« Les quatre points cités se trouvent sur une ligne qui
« passerait par Burgos et dont la direction est O. 28°39′ S. à
« E. 28° 39′ N., c'est-à-dire sensiblement parallèle au système
« du Sancerrois. Une distance de trois cents kilomètres sé-
« pare les points extrêmes de la ligne de soulèvement. »

M. Élie de Beaumont rappelle que des faits analogues à
ceux que M. Botella a constatés ont été signalés il y a un
certain nombre d'années en Wurtemberg, et il ajoute qu'une
fois admis que les faits de ce genre ne sont pas de simples
illusions, on les verra probablement indiqués en plus grand
nombre.

Ces phénomènes s'expliquent aussi bien par un *affaissement* du terrain compris entre les deux extrémités que par le
soulèvement de ces deux dernières ou seulement de l'une
d'elles.

PREUVE DU MOUVEMENT DE LA TERRE
AUTOUR DU SOLEIL.

15. Dans le *Cosmos* du 9 mai 1856, on trouve ce qui suit :

« Expériences sur les oscillations du pendule immobile,
« par *M. l'abbé Parnisetti* (1).

LONGUEUR du pendule employé.	NOMBRE des oscillations dans cinq minutes de temps.	AMPLITUDE DES OSCILLATIONS mesurée avec un micromètre donnant $\frac{1}{100}$ de millimètre.
1 mèt.	297	$\frac{7}{200} = 0$ mill. 035.
4 —	148	$\frac{29}{200} = 0$, 145.
9 —	103	$\frac{65}{200} = 0$, 325.
16 —	75	$\frac{116}{200} = 0$, 580.

(1) Dans la lettre qu'il m'a écrite et signée, il a mis Pierre Parnisetti ou Parniselli, prêtre, professeur au séminaire d'Alexandrie, en Piémont.

«La direction des oscillations est toujours dans le sens *est-*
« *ouest*.

« Ce fait a été constaté un nombre immense de fois, de jour
« et de nuit, à toute température, à tout état du ciel, avec
« toutes les précautions imaginables pour éviter toute sorte
« de secousses. Pour plus de garantie M. l'abbé Parnisetti
« plongeait la flèche du pendule dans un bain de mercure
« contenu dans un récipient muni inférieurement d'un robi-
« net. On laissait écouler le mercure jusqu'à ce que la flèche
« fût rendue libre. Alors les oscillations commençaient :
« seulement elles ne prenaient leur plus grande amplitude
« qu'au bout d'une demi-heure. »

Pour répéter les expériences précédentes, il faudrait un
endroit tranquille et exempt de tout ébranlement du sol, ce
que l'on ne trouve pas à Paris.

Le mouvement rotatoire de la terre étant constant pour
chacun de ses points, il ne peut pas mettre en oscillation un
pendule en repos.

Il faut donc recourir à la translation de la terre autour du
soleil pour trouver l'action ou les actions qui mettent ainsi
un pendule en mouvement.

16. Soient S, fig. 4, le centre du soleil, FCG un arc de
l'écliptique, C le centre de la terre, DD'D"... son équateur.

Pour simplifier le raisonnement et les calculs, on admet
en premier lieu que le soleil S est à l'un des équinoxes, que
les plans de l'équateur et de l'écliptique coïncident, que ce
dernier est circulaire; ce qui rend la tangente AB en C à l'arc
FCG perpendiculaire sur SC et la vitesse v de translation du
centre C de la terre autour du soleil S constante, que v est
le même pour tous les points de la terre lorsqu'on néglige sa
rotation.

Représentons par r la vitesse de rotation de chaque point
D de la circonférence DD'D"... de l'équateur terrestre, par h
l'angle horaire en D' ou celui que font entre eux les méridiens
qui passent par D et D', par $2h$ l'angle horaire en D", etc.

En D ou à midi, la vitesse de translation du point D dans

l'espace est alors exprimée par $v-r$ suivant la direction DH′ parallèle à CB, c'est-à-dire de *gauche à droite*, lorsqu'on est placé dans l'hémisphère nord de la terre et tourné vers son équateur.

Fig. 4.

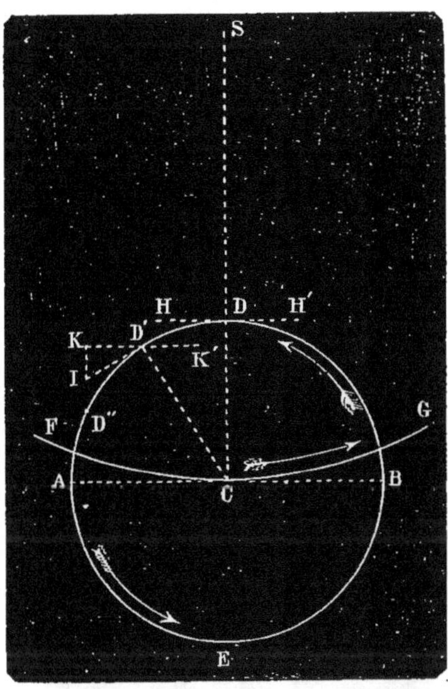

Lorsque le point D est parvenu en D′, sa vitesse provenant de la rotation de la terre autour de son centre C est encore r suivant la tangente D′I en D′ à l'équateur DD′D″... et sa composante dirigée en sens contraire de la vitesse v du centre C de la terre autour du soleil S est

$$\text{D′K} = \text{D′I}\cos.\ \text{KD′I} = \text{D′I}\cos.\ \text{DCD′} = r\cos. h,$$

puisque les deux angles KD′I et DCD′ ont les côtés perpendiculaires entre eux. De même $r\cos. \text{DD″}$ ou $r\cos. 2h$ exprime la composante de la vitesse du point D″, qui est l'analogue de D′K par rapport à D′, etc.

La vitesse de translation du point D′ dans l'espace est donc exprimée par $v-r\cos. h$ suivant la direction D′K′ parallèle à CB, celle de D″ par $v-r\cos. 2h$, etc.

Pendant que le point D de l'équateur parcourt les arcs égaux DD′, D′D″, etc., sa vitesse de translation dans l'espace, suivant la direction variable de la tangente CB à l'écliptique FCG, augmente successivement des quantités inégales

$$v-r\cos. h-(v-r)=r-r\cos. h=r(1-\cos. h,$$

$$v-r\cos. 2h-(v-r\cos. h)=r(\cos. h-\cos, 2h), \text{ etc.}$$

17. Quand un pendule vertical MN, fig. 5, a ses extrémités M et N fixées au sol, il coïncide toujours avec la verticale

Fig. 5.

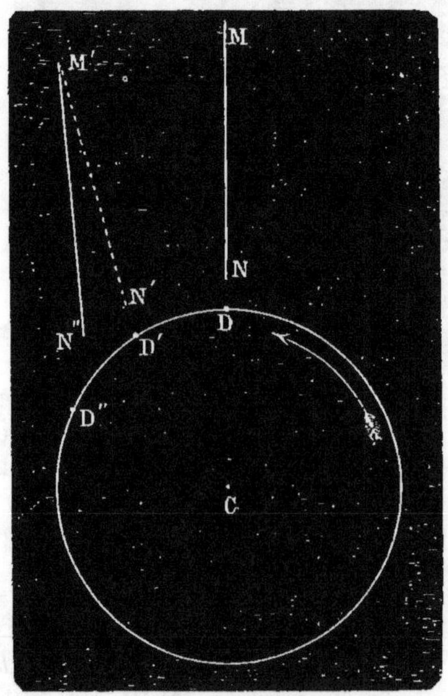

du lieu dans toutes les positions MN, M′N′, etc., qu'elle occupe successivement dans l'espace.

Mais lorsque l'extrémité inférieure N du pendule MN se détache du sol, sa vitesse $v-r$ en D, n⁰ 16, de translation dans l'espace de *gauche à droite* demeurant constante, elle est de plus en plus inférieure à celle $v-r$ cos. h, n° 16, que prend successivement dans l'espace le point D du sol en allant de D en D'; d'où il suit que le pendule MN prend la position M'N'' quand le point D du sol arrive en D'.

La composante de la pesanteur qui tend constamment à ramener le pendule M'N'' dans la position M'N' augmentant comme le sinus de l'angle N'M'N'', elle finit par équilibrer l'excès $r(1-$cos. $h)$ de $v-r$ cos. h sur $v-r$, n° 16, qui éloigne M'N'' de M'N' : dans ce cas, si les deux actions égales et opposées précédentes conservaient la même valeur, le pendule M'N'' resterait dans la position d'équilibre correspondante, qui fait l'angle convenable N'M'N'' avec M'N'; mais les valeurs $r(1-$cos. $h)$, $(r$ cos. $h-$cos. $2h)$, etc., n° 16, qui tendent à éloigner le pendule de la verticale, pendant que le point D parcourt les arcs égaux DD', D'D'', etc., variant continuellement, il s'ensuit que le pendule M'N'' oscille, *estouest* autour de la position d'équilibre qu'il prendrait dans chaque endroit qu'occupe successivement le point D durant la rotation de la terre.

18. Lorsque le pendule MN, fig. 5, est situé à la latitude l, les vitesses r, r cos. h, r cos. $2h$ etc.. n°16 deviennent r cos. l, r cos. h cos. l, r. cos. $2h$ cos. l, etc., et elles sont dirigées dans la verticale du parallèle à l'équateur; mais cela influe seulement sur la grandeur définitive des amplitudes des oscillations du pendule, n° 17 : il en est de même à l'égard des variations de v dans l'écliptique provenant de l'irrégularité de la vitesse du centre C de la terre et des différences des distances de C et D, D', D''... au soleil S, ainsi que de l'obliquité de la tangente CB sur SC, fig. 4, qui font que $v-r$ cos. $h-(v-r)$, $v-r$ cos. $2h-(v-r$ cos. $h)$, etc., n° 16, ne se réduisent pas rigoureusement à $r(1-$cos. $h)$, $r($cos. $h-$cos. $2h)$, etc.

Aux pôles de la terre, il n'y a que la variation de leur vitesse de translation dans l'espace autour du soleil S et l'incli-

naison variable de CB sur SC qui mettent en mouvement un
pendule en repos.

19. Dans tous les cas, le plan de l'écliptique fait un angle
de 23°...28′ avec celui de l'équateur ou de son parallèle, et
par suite l'angle de la tangente CB à l'arc FCG, fig. 4, avec
le plan de l'équateur ou de son parallèle diminue de 23°...28′
à 0°, depuis chaque équinoxe jusqu'au solstice suivant; d'où
il résulte que les forces dirigées suivant les tangentes CB et
DH, D'I, etc., à l'écliptique FCG et à l'équateur DAEB font
osciller le pendule dans un plan intermédiaire aux deux
précédents, et, par suite, qui n'est pas rigoureusement *est-
ouest*.

20. Le mouvement oscillatoire que prend de lui-même un
pendule en repos produit une force motrice continue qui est
proportionnelle à sa masse et à la longueur de l'arc que parcourt son centre de gravité ou à la distance de ce centre à la
suspension, dont on peut tirer parti en lui conservant son
mouvement de va-et-vient ou en le transformant en mouvement continu ou, etc.

21. Le résultat des actions précédentes influe seulement
un peu sur les amplitudes des oscillations des pendules ordinaires, d'après l'angle de leur plan avec celui dans lequel
oscillerait de lui-même un pendule primitivement en repos,
sans altérer sensiblement la durée de chacune, qui ne dépend que de la distance de la lentille à sa suspension.

22. Je me suis d'ailleurs assuré que la durée des petites
oscillations d'un pendule est la même dans tous les plans
verticaux : en effet, les 8, 9, 11, 12 et 13 août 1856, chez
M. Gravet, fabricant d'instruments de précision et successeur
de Lenoir, rue Cassette, n° 14, à Paris, j'ai compté chaque
jour les nombres d'oscillations que faisait un même pendule
dans deux plans verticaux perpendiculaires entre eux, qui
différaient d'un jour à l'autre, et j'en ai toujours trouvé des
nombres proportionnels au temps.

Le 8 août, chacune des deux expériences a duré deux heures, et les autres jours elles duraient quatre heures chacune.

Le même jour j'ai donné 40^{mm} d'amplitude aux oscillations *nord-sud* et *est-ouest* à leur origine; à la fin elles avaient encore 23 et 25^{mm}.

Ces amplitudes étaient déterminées à la vue sur une règle horizontale, divisée en millimètres, qui correspondait à une pointe située sous la lentille, à la distance de $1^m,28275$ du couteau de suspension.

Le $\begin{Bmatrix} 9 \\ 12 \end{Bmatrix}$ août, elles avaient 20^{mm}

$\begin{Bmatrix} \textit{est-ouest} \text{ et } \textit{nord-sud} \\ \textit{nord-ouest, sud-est} \text{ et } N\text{-}E,\ S\text{-}O \end{Bmatrix}$ d'amplitude à l'origine et de 8 à 9^{mm} à la fin.

Le $\begin{Bmatrix} 11 \\ 13 \end{Bmatrix}$ août, elles avaient 30^{mm} dans

$\begin{Bmatrix} \text{le } \textit{méridien magnétique} \text{ et le } \textit{plan perpendiculaire} \\ \textit{l'est-nord-est, } OSO \text{ et } \textit{l'}E\text{-}S\text{-}E,\ O\text{-}N\text{-}O \end{Bmatrix}$ à l'origine, et de 10 à 12^{mm} à la fin.

M. Gravet m'a secondé dans ces observations; il a mis gratuitement son local à ma disposition et m'a procuré un bon chronomètre; il a construit à ses frais et disposé chez lui le pendule à couteau et à tige en sapin huilé dont la lentille creuse en fonte avait $0^m,2145$ de diamètre et pesait $5^k,330$, en y comprenant les accessoires et la tigede suspension avec son couteau; enfin la distance de son centre au couteau était de $1^m,1485$.

Je prie M. Gravet d'agréer mes remercîments.

23. Il résulte de cette théorie que les expériences de M. l'abbé Parnisetti, n° 15, prouvent le mouvement de translation de la terre autour du soleil, comme celles de M. Foucault démontrent sa rotation.

Il est bon de remarquer en terminant :

1° Que les nombres d'oscillations pendant cinq minutes des pendules de M. l'abbé Parnisetti, n° 15, sont sensiblement en raison inverse des racines carrées de leurs longueurs; ce

qui conduit à leurs durées proportionnelles aux mêmes racines carrées, comme la théorie l'exige;

2° Que les amplitudes des oscillations sont sensiblement
proportionnelles aux longueurs, comme les actions con-
stantes qui les occasionnent dans chaque endroit doivent les
produire.

24. Les mêmes actions écartent de la verticale un corps
librement suspendu, comme on l'observe par sa réflexion sur
un bain de mercure qui n'en renvoie pas exactement l'image
au point de sa suspension.

MOYEN DE CONSTATER SI LE SOLEIL EST IMMOBILE.

25. Ayant prouvé que la terre tourne autour du soleil, d'après les observations d'un pendule primitivement en repos, nous allons rechercher les moyens de constater si le soleil est immobile ou s'il se meut dans l'espace au moyen d'observations à faire aux différentes latitudes avec des pendules primitivement en repos.

Soit C, fig. 6, le centre de la terre qui parcourt l'écliptique CAEB autour du soleil S.

Supposons que le soleil S se meut autour d'un point P de l'espace, en suivant la courbe FSG.

Pour simplifier le raisonnement et les calculs, nous admettrons en premier lieu que les plans de l'équateur terrestre DD'D"... et de l'écliptique CAEB coïncident, que ce dernier est circulaire, que le point P est situé dans son plan ainsi que l'orbite FSG du soleil S que l'on suppose aussi circulaire.

Les flèches indiquent les sens des divers mouvements de translation du centre S du soleil autour du point P, et du centre C de la terre autour du soleil S ainsi que de la rotation de cette dernière.

Représentons par V la vitesse de translation du soleil S autour du point P, par v celle du centre C de la terre autour du soleil S, par H l'arc CC' de l'écliptique ou l'angle CSC', par 2H l'arc CC", etc.

Fig. 6.

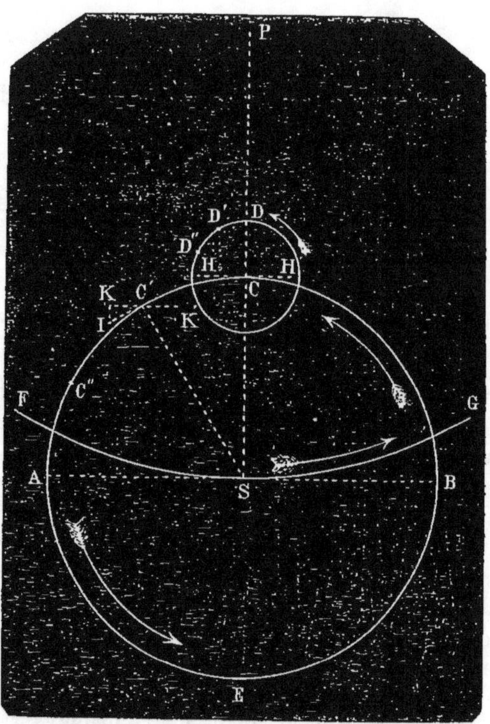

La vitesse de translation dans l'espace du centre C de la terre est exprimée par V—v, suivant la direction CH′ de la tangente en C, qui est parallèle à celle SB de l'orbite solaire FSG, c'est-à-dire de *gauche à droite*, lorsqu'on regarde la fig. 6 et que l'on admet les mouvements dans les sens indiqués par les flèches.

Lorsque le centre C de la terre est parvenu en C′, la vitesse provenant de sa translation autour du soleil S est encore v, suivant la tangente C′I en C′ à son orbite CC′C″..., et sa composante dirigée en sens contraire de la vitesse V du soleil S autour de P est

$$C'K = C'I \cos. KC'I = C'I \cos. CSC' = v \cos. H,$$

puisque les deux angles KC'I et CSC' ont les côtés perpendiculaires entre eux. De même $v \cos. CC''$ ou $v \cos. 2H$ exprime la composante de la vitesse du point C'', qui est l'analogue de C'K par rapport à C', etc.

La vitesse de translation dans l'espace du centre C' de la terre est donc exprimée par $V - v \cos. H$, suivant la direction C'K' parallèle à SB, celle de C'' par $V - v \cos. 2H$, etc.

Pendant que le centre C de la terre parcourt des arcs égaux CC', C'C'', etc., sa vitesse de translation dans l'espace, suivant la direction variable de la tangente SB à l'orbite du soleil S autour du point P, augmente successivement des quantités inégales

$$V - v \cos. H - (V - v) = v - v \cos. H = v\,(1 - \cos. H),$$

$$V - v \cos. 2H - (V - v \cos. H) = v\,(\cos. H - \cos. 2H), \text{ etc.}$$

Les divers mouvements du centre C de la terre sont évidemment les mêmes que ceux de chacun des points de son axe de rotation, qui passe par les pôles et qui est la perpendiculaire menée par le point C au plan de la fig. 6.

26. Si un pendule vertical est situé au pôle nord de la terre, qui se trouve à l'intersection de sa surface avec la perpendiculaire menée par le point C en avant ou au-dessus du plan de la figure 6, sa direction coïncidera toujours avec l'axe de la terre dans toutes les positions C, C', C''... que ce dernier occupera successivement dans l'espace, tant que ses deux extrémités seront fixées au sol.

Mais lorsque son extrémité inférieure se détache du sol, sa vitesse $V - v$ en C, n° 25, de translation dans l'espace de *gauche à droite* demeurant constante, elle est de plus en plus inférieure à celle $V - v \cos. H$, n° 25, que prend successivement dans l'espace l'axe de rotation et par suite le pôle de la terre, pendant que son centre C se meut de C en C'; d'où il suit que le pendule situé au pôle nord s'incline de plus en plus sur l'axe terrestre, en prenant une position analogue à celle M'N", fig. 5, pendant que le centre C, fig. 6, de la terre parcourt l'arc CC'.

La composante de la pesanteur, qui tend constamment à ramener le pendule situé au pôle nord vers l'axe de la terre, augmentant comme le sinus de l'angle qu'il fait avec cet axe, elle finit par équilibrer l'excès $v(1 - \cos. H)$ de $V - v \cos. H$ sur $V - v$, n° 25, qui éloigne le pendule de l'axe terrestre; dans ce cas, si les deux actions égales et opposées précédentes conservaient la même valeur, le pendule situé au pôle resterait dans la position d'équilibre correspondante; mais les valeurs $v(1 - \cos. H)$, $v(\cos. H - \cos. 2H)$, etc., n° 25, qui tendent à éloigner le pendule de la direction de l'axe de la terre, pendant que son centre C parcourt les arcs égaux CC', C'C", etc., variant continuellement, il s'ensuit que le pendule oscille autour de la position d'équilibre qu'il prendrait dans chaque endroit qu'occupe successivement le centre C de la terre, durant sa translation autour du soleil S.

27. Si le plan de l'écliptique CAEB, fig. 6, fait un angle inconnu A avec celui de l'orbite FCG du soleil S autour de P, il faut remplacer chaque vitesse v, $v \cos. H$, $v \cos. 2H$, etc, n° 25, du centre C de la terre, en sens opposé à celle du soleil S, par sa projection sur le plan de l'orbite solaire FSG, en observant, comme au n° 19, que l'angle de chaque tangente à l'écliptique CAEB avec le plan FSG diminue de A° à 0°, depuis chaque endroit analogue aux équinoxes pour l'équateur et l'écliptique, jusqu'à celui qui correspond au solstice suivant (cette projection est toujours *zéro* lorsque $A = 90°$); mais cela influe seulement sur les directions et sur les grandeurs des déviations et des oscillations du pendule situé au pôle de la terre.

28. En plaçant un pendule en D, fig. 6, sur l'équateur terrestre DD'D"..., sa vitesse dans l'espace est représentée par $V - v - r$, n°ˢ 16 et 25. Lorsque D parvient en D' et C en C'

(dans la figure, on a considérablement exagéré la grandeur de l'arc CC' par rapport à DD', puisque D fait sa révolution en un jour autour de C et C en un an autour de S), la vitesse du point D' dans l'espace est $V - v\cos.H - r\cos.h$, et ainsi de suite, comme aux n°ˢ 16 et 25, pour les variations de la vitesse que le point D éprouve successivement dans l'espace ainsi que pour les actions analogues à celles des n°ˢ 16 et 25 qui mettent en mouvement un pendule en repos situé en D.

Lorsqu'on met le pendule à la latitude l, il faut multiplier par cos. l chaque valeur qui se rapporte aux parties de l'équateur DD'D″... dans les expressions précédentes, comme on l'a dit au n° 18.

Si le plan supposé commun à l'écliptique CC'C″... et à l'équateur DD'D″... fait un angle inconnu A avec celui de la courbe FSG de l'orbite solaire, il faut remplacer les vitesses v, $v\cos.H$, $v\cos.2H$, etc., n°ˢ 25 et 27, du centre C de la terre dans l'écliptique, celle r, $r\cos.h$, $r\cos.2h$, etc., n° 16. des points de la circonférence équatoriale, et celles $r\cos.l$, $r\cos.h\cos.l$, $r\cos.2h\cos.l$, etc., n° 18, des points de chaque parallèle à la latitude l par leurs projections sur le plan de l'orbite solaire FSG, en observant comme aux n°ˢ 19 et 27 que l'angle de chaque tangente à l'écliptique, à l'équateur et à son parallèle avec le plan FSG diminue de A° à O°, depuis chaque endroit analogue aux équinoxes pour l'équateur et l'écliptique jusqu'à celui qui correspond au solstice suivant. (Cette projection est toujours *zéro* lorsque $A = 90°$.)

Il conviendrait peut-être mieux de rapporter tous les effets des actions précédentes au plan qui est supposé commun à l'écliptique CC'C″... et à l'équateur terrestre DD'D″... en multipliant V par le cosinus de l'angle variable entre A° et O° que fait chaque tangente à l'orbite solaire FSG avec le plan supposé commun à CC'C″... et à DD'D″..., ce qui introduirait l'inconnue variable V multipliée par le cosinus de chaque angle compris entre A° et O°. Il suit de là que la translation du soleil S autour du point P n'influe par sur les divers mouvements que prend de lui-même un pendule en repos à la surface de la terre, si ce mouvement a lieu dans le plan per-

pendiculaire à celui que l'on suppose commun à CC'C″...
et à DD'D″..., puisque toutes les projections du mouvement
du soleil S dans son orbite FSG sur le plan supposé commun à l'écliptique CAEB et à l'équateur terrestre DD'D″...
sont nulles.

Je n'entrerai pas ici dans un examen plus détaillé des effets
qui sont produits sur le pendule par la rotation de la terre,
par sa translation autour du soleil et par le mouvement de
ce dernier dans l'espace ; car cet examen sera mieux placé
avec la discussion des expériences que je propose ci-après
de faire aux différentes latitudes avec un pendule primitivement en repos pour s'assurer si le soleil est immobile ou s'il
se meut dans l'espace avec son cortége de planètes, satellites, etc.

Si le mouvement du soleil S avait lieu de S en F, fig. 6, on
pourrait changer le signe de V dans les calculs précédents,
ou regarder comme positifs les mouvements qui ont lieu dans
le sens de celui du soleil S autour de P, et par suite changer
les signes de v et de r dans les expressions précédentes.

Je n'entrerai pas non plus ici dans l'examen des influences
produites sur le pendule par l'angle de 23°...28′ que font
entre eux les plans de l'équateur terrestre DD'D″... et de
l'écliptique CC'C″..., par l'ellipticité de ce dernier, par celle
que peut avoir l'orbite FSG du soleil S autour de P, etc.

29. Les divers mouvements que prend de lui-même un
pendule primitivement en repos donnent des forces motrices
dont on peut tirer parti, comme on l'a indiqué, n° 20, pour
ses oscillations.

30. Au moyen des déviations, oscillations, etc., de pendules primitivement en repos et situés à différentes latitudes,
on peut donc s'assurer si le soleil est immobile ou s'il se
meut dans l'espace ; car, dans le premier cas, les divers
mouvements du pendule se rapporteront aux effets des actions indiquées dans mon mémoire intitulé « *Preuve du mouvement de la terre autour du soleil,* » et, dans le deuxième cas,
ils en différeront par les influences provenant de la transla-

tion du soleil dans l'espace, à moins que cette translation n'ait lieu dans le plan perpendiculaire à celui que l'on a supposé commun à l'écliptique CC'C''… et à l'équateur terrestre DD'D'', fig. 6, comme on l'a vu n° 27.

31. Il reste maintenant à indiquer la manière d'obtenir et de mesurer les déviations, oscillations, etc., que prend de lui-même un corps librement suspendu dans chaque endroit.

On donne au pendule autant de longueur que chaque localité le permet; on le compose d'un fil de soie fixé par son extrémité supérieure, et à son inférieure on suspend un solide de révolution (sphère, ellipsoïde, cylindre à bases planes ou arrondies, cône, cônes opposés, etc.) autour d'un axe qui est sur le prolongement du fil de suspension ainsi qu'une pointe disposée au-dessous, afin qu'elle ne change pas de place par les rotations que le fil de soie peut imprimer au corps librement soutenu.

Autant que possible, il faut choisir un endroit exempt de secousses, vibrations, etc.

Sur une surface plane, on trace des parallèles rapprochées et également éloignées dans deux directions perpendiculaires entre elles de manière qu'on les observe aisément avec le microscope employé.

On dispose horizontalement cette surface plane au-dessous de la pointe inférieure du pendule, en dirigeant *nord-sud* l'un des systèmes de ses parallèles au moyen d'une vis disposée à cet effet.

On enveloppe convenablement le pendule pour empêcher les effets des mouvements de l'air sur lui.

Au moyen d'un microscope convenablement disposé, on observe les coordonnées de chaque endroit de la surface plane qui correspond à la pointe inférieure du pendule dans ses divers mouvements, pour en conclure ces derniers ainsi que leurs directions.

Si l'on veut commencer les expériences comme M. l'abbé Parnisetti, n° 15, on dispose un entourage facile à enlever sur la surface plane pour y verser du mercure dans lequel on plonge le pendule dont les mouvements ne s'effectuent qu'après l'écoulement du liquide.

Enfin si l'on exige que la pointe inférieure du pendule corresponde a l'origine des coordonnées au commencement des observations, il faut ajouter deux vis pour mouvoir horizontalement la surface plane dans les deux directions de ses parallèles.

En traçant les coordonnés sur une surface plane transparente (verre, etc.), on peut disposer le microscope au-dessous pour permettre d'envelopper totalement le fil à plomb, afin de le soustraire à tous les mouvements de l'air extérieur. Le bas de cette enveloppe sera transparent pour que la pointe inférieure du corps suspendu soit éclairée naturellement ou artificiellement.

Afin d'éviter la position renversée du microscope, on peut disposer une surface réfléchissante pour renvoyer les rayons de la pointe inférieure du pendule et ceux des divisions de la surface horizontale vers la direction que l'on veut donner au microscope.

32. En terminant, je dois dire que dans les mémoires de l'Académie royale des sciences de MDCCXLII, p. 104, on trouve qu'un gentilhomme de Provence nommé Alexandre Calignon de Peirins avait observé à plusieurs reprises et en différents temps, pendant un mois, qu'un pendule de 30 pieds de longueur se déplaçait du nord au sud, depuis six heures du matin jusqu'à midi, et du sud au nord, depuis midi jusqu'à six heures du soir. On ignore de combien le pendule se déplaçait.

Jean Caramuel contredit les résulats obtenus par de Peirins, d'après des observations faites avec un pendule dont la longueur est inconnue.

Jean-Baptiste Morin soutint les résultats obtenus par de Peirins, par suite d'observations effectuées aussi avec un pendule inconnu.

Le P. Mersenne répéta l'expérience avec un pendule de

longueur inconnue, dont le fil de suspension était métallique, et il le trouva immobile.

On attribuait ces effets à un mouvement de *titubation* ou de *libration* nord et sud de la terre.

Dans le *Cosmos*, t. II (1852-53), p. 447, on trouve que le samedi soir, 27 juin 1836, M. Jules Guyot observa qu'au Panthéon de Paris un pendule de 57 mètres de longueur s'écartait de plus de 4 millimètres, sans quitter le plan du méridien, de la perpendiculaire à la surface libre du mercure situé au-dessous, d'après la réflexion sur ce liquide du corps soutenu vers le point de suspension.

DÉTERMINATION DES EFFETS DES ACTIONS DIURNES
DU SOLEIL ET DE LA LUNE
POUR METTRE EN MOUVEMENT UN PENDULE PRIMITIVEMENT EN REPOS.

33. Soient QPQ'P', fig. 7, un méridien terrestre, QQ' le diamètre de l'équateur, P le pôle nord, S le soleil à midi dans

Fig. 7.

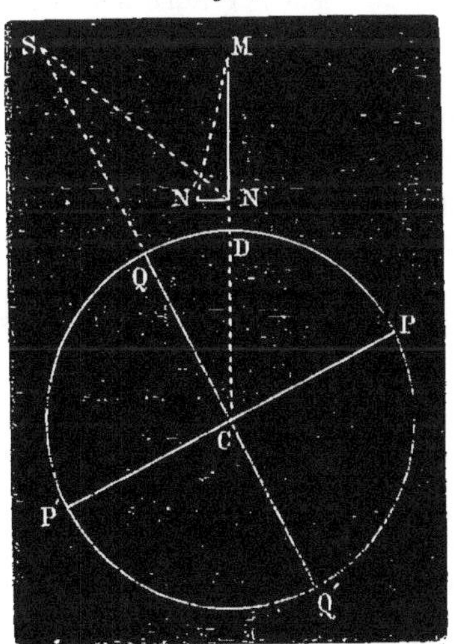

le plan du méridien QPQ'P' et à l'équateur, MN un pendule en repos, situé à la latitude nord QD$=l$, et dans la position qu'il occuperait sans l'intervention du soleil S.

L'attraction A du soleil S sur le centre C de la terre donne $A \times \dfrac{\overline{SC}^2}{\overline{SN}^2}$ pour son attraction en N sur le corps librement suspendu au point M qui est lié avec le sol, et par suite $A \dfrac{\overline{SC}^2}{\overline{SN}^2} - A = A\left(\dfrac{\overline{SC}^2}{\overline{SN}^2} - 1\right)$ pour l'excès de l'attraction du soleil S en N sur celle qu'il exerce en C, puis

$$A\left(\frac{\overline{SC}^2}{\overline{SN}^2} - 1\right)\cos. \ SNN' = A\left(\frac{\overline{SC}^2}{\overline{SN}^2} - 1\right)\sin. \ SNM$$

$$= A\left(\frac{\overline{SC}^2}{\overline{SN}^2} - 1\right)\sin. \ (SCN + S) = A\left(\frac{\overline{SC}^2}{\overline{SN}^2} - 1\right)\sin. \ l,$$

en négligeant l'angle S, pour la composante NN' perpendiculaire à MN qui est dans le plan SCNM, laquelle dévie le pendule MN en lui faisant prendre la direction MN' située au sud de MN et dans le plan du méridien SQCP.

Pour simplifier le raisonnement et pour n'employer qu'une figure, on s'exprimera comme si le soleil tournait autour de la terre.

A partir de midi, le soleil S s'avance vers l'ouest :

1° La distance SN augmente, et par suite l'attraction réelle de S sur N, qui est $A\left(\dfrac{\overline{SC}^2}{\overline{SN}^2} - 1\right)$ à midi, diminue de plus en plus, et se trouve au-dessous de *zéro* à six heures du soir, époque à laquelle la distance du soleil à N est l'hypoténuse du triangle rectangle en C, dont les côtés de l'angle droit sont CN et la ligne égale à CS, qui est perpendiculaire en C au méridien QPQ'P'.

2° L'affaiblissement de l'attraction de S sur N et la direction de NN' qui s'avance de plus en plus du sud vers l'ouest font que la composante perpendiculaire à MN dans le plan du méridien QPQ'P' diminue de plus en plus, et par suite le pendule MN' se rapproche de MN en allant du sud vers le nord, comme de Peirins l'a observé, n° 32.

3° La composante de NN' dirigée vers l'ouest, qui est nulle à midi, dévie d'abord de plus en plus MN' vers le couchant jusqu'à ce que l'affaiblissement continuel de NN' le laisse retourner vers l'est pour coïncider avec MN lorsque la droite remplaçant SN est égale à SC; ce qui arrive avant six heures du soir.

A partir du moment où SN = SC, le soleil S attire N moins que C, et par suite le point N se trouve dans le même cas que s'il était repoussé par S, ce qui le dévie entre le sud et l'est jusqu'à minuit où il atteint le maximum de son mouvement du nord au sud, en revenant dans le plan du méridien QPQ'P'.

Quant à son mouvement vers l'est, il augmente d'abord en même temps que la composante analogue à NN', qui en donne une dirigée vers le levant, jusqu'à ce que cette dernière diminue par suite de la direction de la force analogue à NN', qui s'approche de plus en plus du plan du méridien QPQ'P' avec lequel elle coïncide à minuit.

L'inverse de ce qui précède a évidemment lieu depuis minuit jusqu'à l'heure à laquelle SN redevient égal à SC, ce qui arrive après six heures du matin, comme ci-dessus avant six heures du soir, et à partir de ce nouveau moment où SN = SC jusqu'à midi, les divers effets se reproduisent dans des sens inverses de ceux qui ont lieu depuis midi jusqu'à ce que SN = SC, comme de Peirins l'a observé du nord au sud, depuis six heures du matin jusqu'à midi, n° 32.

Lorsque le soleil a une déclinaison $\left\{ \begin{array}{c} \text{sud} \\ \text{nord} \end{array} \right\}$, il faut remplacer la latitude l par $\left\{ \begin{array}{c} l+d \\ l-d \end{array} \right\}$, en représentant par d la déclinaison du soleil.

34. Ce que l'on a dit du soleil, n° 33, s'applique évidemment à la lune, en y remplaçant midi par l'heure à laquelle notre satellite passe au méridien supérieur et en observant

qu'il met environ 24 heures $\frac{3}{4}$ pour faire sa révolution diurne.

Comme pour les marées, les actions du soleil et de la lune sur un corps librement suspendu se favorisent ou se contrarient plus ou moins selon les positions respectives des deux astres.

35. Les actions du soleil et de la lune sur un corps librement suspendu, ayant des intensités et des directions qui varient irrégulièrement par rapport au temps, il s'en suit que les divers mouvements qu'elles occasionnent, s'effectuent par des oscillations autour de chaque position qu'il devrait occuper.

36. D'après ce mémoire et les deux précédents, il serait nécessaire de suivre les divers mouvements que prend de lui-même un pendule en repos, comme je l'ai indiqué, n° 31, pour en déduire le plus de conséquences possibles relativement à la translation de la terre autour du soleil, à celle de ce dernier dans l'espace ainsi qu'aux actions diurnes du soleil et de la lune sur un corps librement suspendu ; car on connaît seulement :

1° Imparfaitement les mouvements obtenus par de Peirins dans le plan du méridien, n° 32 ;

2° Une seule direction du pendule relativement à la surface libre du mercure par M. Jules Guyot, n° 32 ;

3° Les oscillations est-ouest par M. l'abbé Parnisetti, n° 15.

TROMBE DE DOUVRES, PRÈS CAEN (CALVADOS),

DU DIMANCHE 30 SEPTEMBRE 1849 A 9 HEURES OU 9 HEURES $\frac{1}{4}$ DU MATIN.

(Douvres est à 12 kilomètres au N. N.-O. de Caen.)

37. La flèche M, fig. 8, indique la direction du mouvement de *translation* de la trombe.

Les flèches L et K indiquent la direction du mouvement de *rotation* de la trombe, qui est de *droite à gauche*.

1° Chaque ligne pleine indique la direction du mouvement de *translation* de la trombe.

2° Chaque ligne en points indique la direction du mouvement de *rotation* de la trombe.

3° Chaque ligne intermédiaire aux deux premières, qui est tracée au moyen de trois traits et de trois points, représente la direction de la *résultante*, des deux mouvements de *translation* et de *rotation* de la trombe.

Ces *résultantes* sont d'autant plus rapprochées des lignes du 2° que la vitesse provenant de la *rotation* de la trombe est plus grande par rapport à son mouvement de *translation*.

La fig. 8 représente l'une des circonférences décrites autour de l'axe de rotation d'une trombe, qui tourne de *droite à gauche*.

En A, les mouvements de translation et de rotation s'ajoutent. C'est le *maximum* d'action.

En B, les mouvements de translation et de rotation *sont opposés*. C'est le *minimum* d'action.

Fig. 8.

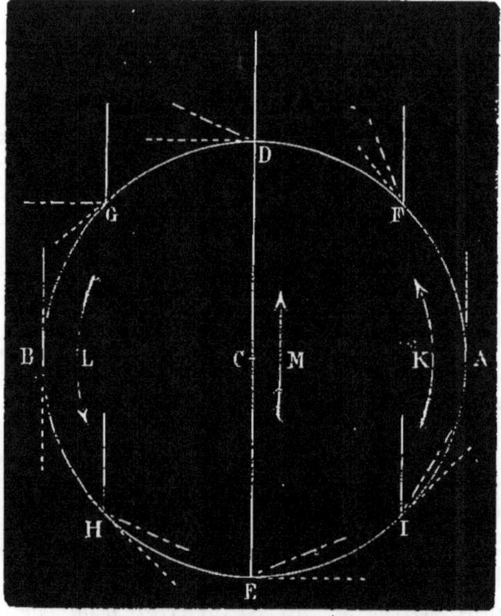

Fig. 9.

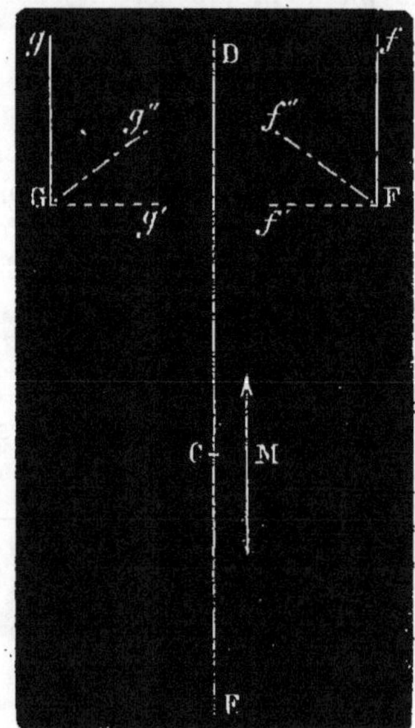

En allant de A en D, *l'intensité de la résultante* des mouvements de translation et de rotation *diminue* et cette *diminution* continue de D en B, pour *augmenter* ensuite de B en E, puis de E en A.

Ce qui précède s'applique aux circonférences analogues à la précédente, dans toute l'étendue de chaque trombe qui tourne de *droite à gauche*.

Le vendredi 5 et le samedi 6 octobre 1849, je visitai les désastres occasionnés par la trombe de Douvres, près Caen (Calvados), le dimanche 30 septembre 1849, à neuf heures ou neuf heures un quart du matin.

Observation. Avant de lire cette description, on fera bien de voir les n°ˢ 116 et 117 de ma *Capillarité*, ainsi que les n°ˢ 1, 2, 3, 4, 5, 6, 7, 8 et 9 de sa *Suite* pour se rendre compte des diverses manières d'agir des *trombes*, des intensités de leurs efforts, etc.

Cette trombe suivit la direction du *sud-ouest* au *nord-est* en laissant la tour de Douvres sur sa droite et celle de Luc sur sa gauche.

Des habitants me dirent que la trombe avait d'abord abattu trois pommiers, dont l'un était fendu, dans la pièce aux béquets, appartenant à M. Letellier, de Rouen; puis que, dans le sens de sa translation, elle en avait abattu cinq autres dans le clos Jacquet, qui n'est pas entièrement entouré de haies.

En arrivant ensuite au clos de M. Lecomte, elle abattit sur sa droite et dans la direction de la résultante en F, fig. 8, huit gros arbres, dont plusieurs étaient un peu transportés à l'angle sud-est du taillis, situé au midi dudit clos; de plus elle y rompit ou inclina dans le même sens un bon nombre de tiges plus ou moins fortes du même taillis.

Le mur situé à l'est du même clos avait plus ou moins de son talus jeté bas du côté de l'ouest.

Ces effets prouvent que la trombe tournait de *droite à gauche*.

Dans ce clos, il y avait une dizaine de pommiers abattus, rompus, etc., suivant différents sens. La tête de l'un avait été transportée à 20 ou 25 mètres de son pied dans la direction du météore.

Sur la gauche de la trombe, un pommier de la grosseur du bras avait des fentes longitudinales et inclinées aux deux tiers de la hauteur de sa tige qui provenaient évidemment d'une torsion de *droite à gauche* qu'il avait éprouvée.

Près de l'angle nord-est du même clos, un gros peuplier avait été rompu à 3 ou 4 mètres de hauteur et transporté contre un gros orme à 6 ou 8 mètres de distance dans la direction du météore.

L'extrémité sud des bâtiments de la ferme, située au nord du clos précédent, a son toit entièrement détruit dans une longueur de deux pièces.

Entre ce clos et celui de la Baronnerie de Douvres, la trombe avait enlevé la moitié d'un toit en chaume.

Le météore enleva des portions de plusieurs toits en chaume de la Baronnerie de Douvres, renversa quelques gros ormes entre ceux qui entourent la cuve du clos du côté du nord, d'où il sort un ruisseau intermittent, renversa, rompit, ébrancha plus ou moins, etc., dans différents sens et sur plus de 100 mètres de largeur, un grand nombre de pommiers et de poiriers des deux côtés assez en pente du ruisseau.

D'après les diverses directions des pommiers et des poiriers abattus, etc., on pourrait peut-être douter du sens de la rotation; mais sur la *gauche* des dégâts, la tige d'un gros poirier avait été fendue, sa partie nord était encore debout avec ses branches, tandis que la portion du midi avait été séparée et transportée à quelques mètres au sud du pied; ce qui prouve qu'en B, fig. 8, la vitesse de rotation surpassait de beaucoup celle de translation.

La plupart des beaux peupliers de moyenne grosseur qui se trouvaient dans la haie, située à l'extrémité nord du clos et de la hauteur du levant du ruisseau, étaient rompus plus ou moins haut; leurs têtes avaient été transportées par le météore, mais elles n'étaient plus en place.

La porte d'un jardin avait eu ses gonds arrachés sans que le mur fût endommagé.

L'on me fit remarquer que les feuilles d'un pommier, situé auprès de la cuve, étaient moins vertes que celles des autres arbres, l'on ajouta que l'on avait vu comme du feu sur les hauts arbres de la cuve, que le berger avait ressenti comme un coup à la cuisse avant d'être renversé et roulé assez loin, que l'on n'avait pas retrouvé plusieurs têtes de pommiers, que quinze poules avaient disparu, que le corps d'une seule avait été retrouvé en lambeaux après le météore, que l'on avait trouvé des oiseaux morts, entendu deux coups de tonnerre un quart d'heure avant le météore et un qui l'avait précédé de peu de minutes.

Il est bon d'observer en passant que le clos de la Baronnerie est assez incliné des deux côtés du ruisseau, et que ses arbres fruitiers sont environnnés de haies et de tiges élevées.

Au nord de la hauteur du levant du clos précédent, le météore abattit ou endommagea plusieurs gros pommiers dans un jardin profond, puis il fit tomber vers le nord le côté septentrional de la couverture en chaume de la grange à M. Blancagnel.

Dans la rue de la Fontaine, le météore rompit à 15 ou 20 mètres de hauteur quatre superbes peupliers, de 30 à 33 ans, dont les têtes, qui avaient 7 à 8 mètres de longueur, furent transportées, savoir : 3 à 30 mètres de distance vers le nord et l'autre à 50 mètres.

La tombe ravagea ensuite et successivement trois clos appartenant à M. Hettier, ancien maire de Douvres, qui me dit que 82 de ses plus beaux arbres à fruit avaient été abattus, rompus, ébranchés, etc.

La maison d'habitation à un étage, qui se trouvait sur l'extrême droite des dégâts, avait eu beaucoup de tuiles et de fêtaux emportés vers le nord. Il y avait des fêtaux jusqu'à 20 mètres de distance et des tuiles jusqu'à une centaine de mètres.

Le long jardin du sud au nord, situé derrière cette maison, vers le nord, avait éprouvé peu de dégâts.

Une autre maison plus basse que la première et qui lui faisait suite, vers le couchant, avait eu aussi son toit très-endommagé ; de plus, sa rampe du midi du gable (les gables d'une maison sont ses deux murs opposés qui se terminent en pignons par le haut) de l'ouest, qui était en belles pierres de taille de 10 centimètres d'épaisseur réunies en mortier de chaux, avait été jetée bas ; ce qui prouve que la grande vitesse rotatoire de *droite à gauche* du vent, qui glissait sur les tuiles du toit du midi, avait eu assez de force pour jeter bas, vers l'ouest, cette rampe qui lui offrait cependant peu de prise.

Une autre rampe pareille avait aussi été abattue et le pignon d'une remise avait été transporté à 8 mètres de distance.

Le jardin situé derrière cette maison vers le nord est plus court que le précédent, et a son mur du levant commun avec la partie sud du mur du couchant du premier jardin.

Le mur de ce petit jardin, qui se trouvait opposé à la maison, était entièrement renversé vers le nord, comme la translation du météore avait dû l'abattre, mais celui de l'ouest, d'une cinquantaine de mètres de longueur, était entièrement abattu vers le couchant, à l'exception de 2 ou 3 mètres faisant suite au gable qui était encore debout, quoique la direction du météore eût dû le renverser du côté du levant, puisqu'elle le rencontrait obliquement du côté de l'ouest. Ce résultat prouve évidemment qu'en F, fig. 8, le mouvement de *rotation* l'emportait tellement sur celui de *translation* qu'il avait non-seulement contre-balancé l'action de ce dernier, mais encore renversé, jusqu'au pied, un mur de jardin très-bien construit en beaux moellons et garni de plusieurs chaînes en pierres de taille.

Le mur du levant, qui était pareil et opposé au précédent, avait aussi été renversé jusqu'au pied, vers l'ouest, dans une trentaine de mètres de sa longueur située au nord.

Au couchant des deux jardins et de la dernière maison se trouve le clos le plus endommagé de M. Hettier, qui est situé entre les deux autres.

Les pommiers abattus, rompus, ébranchés plus ou moins,

sur la droite de la trombe et du clos l'étaient dans le sens de la résultante en F, fig. 8. Deux têtes transportées conduisaient au même résultat.

Dans le même clos et sur la droite du météore, j'ai seulement remarqué deux gros pommiers qui étaient sensiblement renversés dans le sens de sa translation ; mais on doit observer qu'ils avaient été plus ou moins protégés contre la rotation de la trombe par le mur du couchant, et non abattu du premier jardin, ainsi que par un grand nombre d'arbres situés plus au levant que le même mur.

Sur le côté ouest de même clos, qui terminait sensiblement les désastres sur la *gauche* du météore, il y avait plusieurs rangées irrégulières de gros ormes élevés et épais qui avaient certainement gêné les mouvements de l'air.

Il n'était donc pas étonnant d'observer dans le même clos, et sur la gauche de la trombe, des pommiers abattus dans différents sens. J'en remarquai un qui était renversé de l'ouest à l'est à peu près dans la direction perpendiculaire à la translation du météore. Comme il correspondait à la sortie du clos, du côté des gros ormes précédents, l'on doit croire qu'il ne résista pas au fort courant que la grande aspiration de la trombe dut y déterminer momentanément en passant au-dessus du même clos.

Dans cet endroit, la largeur des grands dégâts était au moins d'une centaine de mètres.

M. Hettier me dit qu'après la trombe, l'on avait trouvé des oiseaux et deux pigeons morts dans son clos. Je vis encore l'un de ces derniers.

Dans le clos de M. Hettier, situé au midi du précédent, il y avait aussi un bon nombre de gros pommiers d'abattus. Ceux qui correspondaient à la droite du météore étaient généralement couchés dans le sens de la résultante en F, fig. 8, ce qui indique encore la rotation de *droite à gauche*.

Je ne vis que de loin les arbres du clos situé au nord de l'avant-dernier : M. Hettier me dit qu'il y avait eu une quarantaine de pommiers de moyenne grosseur de renversés sur la droite du météore dans le sens de sa translation, que la plu-

part étaient redressés, que sur la gauche de la trombe, deux
pommiers avaient été abattus dans le sens de sa translation,
un autre en sens inverse, et qu'un autre avait eu sa tête emportée à 4 ou 5 mètres du côté du couchant. Il ajouta que
les feuilles des pommiers de ce clos étaient plus ou moins
desséchées. Je remarquai en effet qu'elles paraissaient moins
vertes que les autres.

Je dois observer en passant que les derniers pommiers
abattus sur la droite de la trombe étaient plus ou moins ga-
rantis du côté du levant des actions de la rotation de *droite
à gauche* par une haie garnie d'arbres forts et hauts, que le
clos y était élevé et par suite plus sec qu'ailleurs. J'ajouterai
encore que dans le pays il est impossible d'obtenir une plan-
tation productive en arbres fruitiers sans l'abriter des vents
du nord et de l'est, qui en dessèchent souvent les feuilles au
point de faire mourir les branches qui s'y trouvent les plus
exposées.

Si l'électricité atmosphérique avait eu assez d'énergie pour
dessécher sensiblement toutes les feuilles d'un seul pommier
de moyenne grandeur, elle aurait certainement laissé des
traces visibles de son passage sur le pied de l'arbre ou au
moins sur quelques-unes de ses branches.

Ce dernier clos est terminé vers le nord par une haie que
la trombe rencontrait à peu près perpendiculairement, sur
laquelle il y avait de gros ormes. Ce météore en rompit 7 de
25 à 30 centimètres de diamètre et en transporta les parties
enlevées vers le nord sur la propriété close de M. Letellier,
dans laquelle M. Hébert, notaire et maire de Douvres, me dit
qu'il y avait une vingtaine de pommiers d'abattus.

M. Hettier me dit qu'il avait entendu deux coups ordinaires
de tonnerre une demi-heure avant le météore, un autre quand
il l'aperçut à 9 heures du matin et enfin un dernier peu
après le troisième.

Un de ses maçons me dit qu'il avait vu un éclair pendant
la trombe.

Un assez grand nombre de branches plus ou moins grosses
avaient été transportées dans le petit bois de M. Hettier, qui

est situé sur la droite de la trombe et à une petite distance
au nord de sa maison d'habitation.

En sortant de chez M. Hettier pour se rendre à la Délivrande (qui dépend de Douvres, dont elle se trouve au nord),
on a sur la gauche le mur qui termine sa propriété du côté
du levant, et près de son extrémité nord on trouve sur la
droite le jardin de M. Ango, traiteur à Caen, dont 35 à
40 mètres du mur de l'ouest étaient renversés du côté du
couchant dans le chemin peu large et avaient, en même
temps, fortement endommagé celui de M. Hettier. Comme pour
les murs analogues et opposés du jardin à M. Hettier, il en
résulte que la trombe tournait de *droite à gauche*.

Le météore avait abattu trois pommiers dans le jardin à
M. Ango, enlevé environ un mille de tuiles du toit de sa
grange, découvert une autre grange couverte en chaume et
située au levant de son jardin.

M. Hébert me dit : 1° Que lui et bien des personnes avaient
entendu un coup de tonnerre avec un bruit sourd quelques
minutes avant le météore : il estime entre 5′ et 10′ ;

2° Que dans le recensement on avait constaté 40 ou 50
toits en chaumes endommagés à la Délivrande, des cloisons
intérieures, en pierres peu épaisses et posées de champ, qui
avaient plus ou moins de leurs parties abattues, inclinées,
etc., beaucoup de croisées dont les vitres étaient cassées,

L'extrémité ouest de la chapelle de la Délivrande avait eu
des ardoises enlevées ainsi que le pignon du couchant dont
on voyait le drapeau métallique qu'il soutenait sur le côté de
la lucarne d'une maison, à une quinzaine de mètres au nord
de l'endroit qu'il occupait.

Des fêtaux en plomb, ayant 1^m,7 de long, 0^m,8 de large et
plus de 0^m,005 d'épaisseur étaient bas au nord de la chapelle : l'on me dit que l'un avait été porté par le météore vers
le nord, à une distance de quinze mètres et jeté contre le
mur de la maison du bourrelier, puis un autre à vingt-cinq
mètres dans la cour à feu Pihan.

D'autres pierres qui terminaient divers gables de la chapelle ou en formaient les rampes étaient aussi abattues.

Sur la place de la Délivrande le météore avait enlevé ou endommagé, etc., divers étalages, entraîné, renversé, etc., différentes personnes, dont plusieurs furent plus ou moins contusionnées, parmi lesquelles la femme Letellier se trouva, dit-on, seule assez grièvement blessée, etc.

Arrivant ensuite sur la propriété des héritiers Pihan, le météore en ouvrit la grande porte fermée et non barrée, qui est vis-à-vis la place, sous un premier étage, recula jusqu'auprès de la maison d'habitation, située à une trentaine de mètres vers le nord, la voiture de madame Brabant, qui était derrière la porte, puis il la retourna dans la cour pour la pousser vers le couchant jusqu'au mur qui l'arrêta après qu'elle eut parcouru une dizaine de mètres : cette dernière direction lui fut sans doute communiquée par la rotation de *droite à gauche* de la trombe.

Un grand nombre de tuiles du toit de la maison d'habitation étaient bas, surtout vers le nord : il y en avait de transportées jusqu'à une centaine de mètres.

Le fort pilier en pierres de taille, situé au couchant de la grande porte d'entrée du jardin, qui est entre le gable du levant de la maison d'habitation et le chemin de Luc, était abattu vers le nord à la hauteur du talus, sans que la moitié de la mauvaise porte que soutenait l'autre pilier fût endommagée. Cet effet provenait sans aucun doute de la réunion des efforts de différents courants d'air que divers obstacles dirigèrent dans le même sens et, en même temps, auprès du gable du levant de la maison.

Sur la droite du jardin, du clos qui le suivait au nord, puis du taillis, tous les arbres abattus ainsi que leurs parties transportées l'étaient dans le sens de la résultante en F, fig. 8, ce qui prouve la rotation de *droite à gauche*.

On arrive encore à la même conclusion, en observant qu'en cet endroit le météore avait occasionné beaucoup plus de dégâts sur sa *droite* que sur sa *gauche*.

Des deux sapinettes élevées qui étaient au milieu du taillis et éloignées de 6 mètres, celle de l'ouest, qui était la plus haute, eut sa tête emportée dans la plaine vers le nord : elle est maintenant la moins élevée.

Dans le grand enclos situé à l'ouest des précédents, il y avait trois pommiers d'abattus dans différents sens auprès du mur qui le terminait au levant. Ils étaient sur la gauche du météore.

Un noyer situé au midi des pommiers précédents avait plusieurs branches rompues, l'une était détachée du tronc.

Enfin un autre pommier, situé à 30 ou 35 mètres à l'ouest des trois précédents, était couché dans le même enclos, suivant la direction de la résultante en G, fig. 8.

Il y avait 80 à 90 mètres entre les trois pommiers ci-dessus et la demi-lune gercée d'un côté de la grande porte à feu Pihan, qui est sur le chemin de Luc, au levant duquel plusieurs toits en chaume étaient abattus; d'où il résulte qu'en cet endroit la largeur des dégâts avait environ 150 mètres, en y comprenant les 30 ou 35 mètres qui précèdent.

Le jardinier des héritiers Pihan entendit deux coups ordinaires de tonnerre une heure avant la trombe dont il estime à une minute et demie la durée des désastres.

En suivant le chemin de Luc, on trouve bientôt sur sa droite la maison d'exploitation de M. Géhanne, dans laquelle il y avait des toits en chaume d'endommagés, quelques pommiers d'abattus ou d'ébranchés, deux murs de jardin renversés vers le nord, etc. Ces divers objets étaient sur la droite du météore.

Au nord de cette maison, il existe une rangée de beaux peupliers dans laquelle le météore en a rompu deux suivant le sens de la résultante en F, fig. 8, savoir : l'un à ras de terre et l'autre à 2 ou 3 mètres de hauteur.

Après avoir traversé un petit bout de plaine, le météore renversa vers le nord une vingtaine de mètres de longueur du mur situé au midi du clos à M. Duhamel, ainsi que deux peupliers parmi les arbres qui étaient auprès de cette brèche.

Quelques pommiers et d'autres arbres étaient renversés, rompus, ou plus ou moins ébranchés dans cet enclos.

Le mur du levant avait dans toute sa longueur son talus

plus ou moins couvert de lierre endommagé et jeté vers le couchant sur la charmille située auprès. Vers son extrémité du nord un arbre était abattu dans le sens de la résultante en F, fig. 8, et l'extrémité du levant du mur du nord avait 15 ou 20 mètres de longueur qui étaient renversés du côté du nord. Près de cet angle du nord-est du clos il y avait de vigoureux pommiers rapprochés, de moyenne grosseur et d'autres arbres qui étaient sensiblement intacts.

Ces désastres indiquent encore une rotation de *droite à gauche*, fig. 8.

Mais sur la *gauche* du météore, les résultats de ses désastres sont contraires à la conséquence précédente.

En effet, un banc situé en G ou H, fig. 8, avait été transporté suivant la droite G*g″*, fig. 9, que l'on peut regarder comme étant la résultante de deux actions G*g* et G*g′* dirigées, savoir : la première G*g*, suivant la translation de la trombe, puis la deuxième G*g′* de dehors en dedans et perpendiculairement à la première, comme le ferait l'air extérieur venant rétablir l'équilibre atmosphérique dans la partie raréfiée que le météore laisse derrière lui.

Des peupliers, des sapins, etc., rompus à 3 ou 4 mètres de hauteur et transportés, plus ou moins loin, sur la *gauche* des désastres conduisaient à le même conséquence. J'ai vu une tête de sapin de la grosseur du bras qui était enfoncée dans un champ de foin et rompue à un demi-mètre de hauteur audessus du sol.

Le toit du couchant et les deux bouts rabattus du midi et du nord de la maison habitée ainsi qu'un toit moins élevé situé au nord de la maison et exposé au couchant avaient eu bien des ardoises d'enlevées.

Les carreaux des croisées du couchant et du nord de la même maison avaient été brisés en petits morceaux et lancés dans toute la longueur de l'appartement.

Une croisée en s'ouvrant de dehors en dedans, malgré l'un des verroux, avait rompu un barreau de chaise en trois bouts.

Cette maison se trouvait dans la partie F et I, fig. 8, des dégâts.

Il est bon d'observer qu'un télégraphe élevé et peu résistant, situé vers le milieu ED, fig. 8 et 9, du météore, n'avait pas été abattu.

En cet endroit, la largeur des dégâts atteignait 200 mètres.

M. Duhamel observa son baromètre à 27 pouces immédiatement avant les désastres.

D'après lui et sa femme, les dégâts eurent lieu à neuf heures du matin, durèrent environ un quart de minute et certainement moins d'une demi-minute. Ils avaient entendu deux coups ordinaires de tonnerre une heure auparavant.

Les dégâts observés dans le clos à M. Duhamel me semblent prouver que le météore n'agissait plus sensiblement qu'en produisant une très-grande aspiration vers son milieu ED, fig. 9, qui raréfiait considérablement l'air laissé derrière lui, et que les désastres occasionnés sur ses deux côtés provenaient des courants latéraux, qui devaient venir suivant les résultantes Gg'', et Ff''' de la direction Gg et Ff du météore et de ses perpendiculaires Gg' et Ff' pour rétablir l'équilibre atmosphérique.

Cette manière d'agir devait produire les effets observés sur les arbres et sur le talus du mur du levant du clos, enlever des ardoises, surtout à la partie du couchant de la maison, par l'excès de la force expansive de l'air intérieur sur la pression supérieure, laquelle expansion intérieure devait ensuite permettre à l'air inférieur du dehors de briser les vitres, d'ouvrir les croisées, etc.

Le peu de prise que le télégraphe offrait à la force ascensionnelle du météore lui permit de résister.

Il résulte de là : qu'en quittant la Délivrande, la trombe s'était élevée ou sa rotation inférieure, surtout, avait été considérablement affaiblie par les frottements et peut-être par des mouvements contraires de l'air qui l'entouraient, ainsi que par la suite presque continuelle des résistances qu'elle avait éprouvées pendant sa course d'environ quatre kilomètres. Il est possible que l'élévation du météore et son affaiblissement de rotation, au moins à sa partie inférieure, aient contribué en même temps au résultat qui précède.

Les désastres qui suivent sont conformes à cette manière d'agir du météore.

En continuant sa marche, le météore avait rencontré sur sa *gauche* la maison d'exploitation de M. Laurent, qui est la première du village de Luc et à une cinquantaine de mètres au couchant du chemin.

Le toit en chaume de la grange, situé au couchant de la cour, avait été enlevé, sa moitié du levant était tombée dans la cour et l'autre avait été transportée jusqu'au chemin, en suivant la direction Gg'', fig. 9, de la résultante en G.

Les têtes de deux cheminées de la maison d'habitation, située au nord de la cour, avaient été abattues par ce toit ou par un autre.

M. Laurent avait entendu deux coups ordinaires et éloignés de tonnerre, une heure avant le désastre qui fut de très-courte durée, à 9 heures du matin.

Sur la droite du même chemin, on trouve bientôt la propriété de M. Costy, dont une quarantaine de mètres de la longueur du mur du midi sont abattus vers le nord, ainsi qu'une douzaine de gros arbres situés dans le bois auprès de cette brêch e.

Des toits en chaume avaient été très-endommagés, la grande porte de la ferme avait été brisée et éparpillée vers le nord et vers le midi, ce qui provenait sans doute des divers courants que les obstacles déterminaient dans le météore.

L'ouragan avait déterminé une crevasse, qui était réparée, entre le gable du nord des bâtiments et la côtière du levant.

15 à 20 mètres de la longueur du mur qui terminaient un grand clos, vers le nord, étaient renversés dans le chemin.

Des ardoises de la maison de maître avaient été transportées fort loin vers le nord.

On avait trouvé des oiseaux morts dans cette propriété.

Madame Costy estime à une minute la durée des désastres qui eurent lieu à neuf heures ou neuf heures un quart du matin.

La propriété de madame Bellamy fait suite à la précédente.

Quoique abritée du côté du sud par une haie formée de gros ormes assez épais et branchus, la grande porte du clos, située dans le mur du midi, qui était en bois et forte, fut dérangée vers le nord, et son pilier du couchant fut tourné dans le même sens malgré sa solidité.

Dans ce clos, il y avait une douzaine de pommiers d'abattus ou rompus dans le sens de la translation du météore : la tête de l'un d'eux était à une quarantaine de mètres de son pied.

A peu près autant de peupliers, d'acacias, d'ébéniers, etc., étaient aussi abattus, rompus, etc., dans le même enclos.

Au nord de cet enclos, on trouvait la ferme dont la rampe d'un gabbe était abattue, et un autre clos dans lequel je vis quatre pommiers renversés.

Plus loin le météore endommagea encore dans Luc au moins une demi-douzaine de toits en chaume, dont on me nomma les propriétaires, et, après avoir produit les dévastations ci-dessus indiquées, dans une longueur d'environ six kilomètres, il parvint à la mer sur laquelle plusieurs personnes rapportent qu'il occasionna une grande agitation.

Observations générales. 1° Les toits en ardoises et en tuiles permettent ordinairement à la force expansive de l'air intérieur de se frayer assez aisément des issues en soulevant ou en emportant plus ou moins loin des ardoises ou des tuiles sans endommager sensiblement la charpente; tandis que la liaison des diverses parties des toits en chaume ne permet pas à cette même force expansive de l'air intérieur de se frayer ainsi des issues; ce qui l'oblige à les soulever en partie ou en totalité et même à les emporter plus ou moins loin.

Ces différentes manières d'agir rendent compte des différences que l'on observe ordinairement entre les effets produits par les diverses expansions de l'air intérieur sur les toits en chaume, qui ont souvent de grandes parties plus ou moins endommagées, abattues, transportées, etc., et ceux en ardoise ou en tuile dont les charpentes sont demeurées sensiblement intactes, quoique beaucoup d'ardoises ou de tuiles aient été brisées, abattües, transportées plus ou moins loin, etc.

2° Chaque arbre renversé n'indique pas toujours le sens de la plus grande action qu'il a éprouvée, car l'irrégularité de la disposition de ses racines, de leurs grosseurs, de leurs ramifications, etc., peut faire qu'elles aient résisté à la résultante maximum des différentes forces de la trombe pour céder ensuite successivement à des actions moindres autrement dirigées, etc.

Il faut encore ajouter que les diverses actions générales du météore peuvent être modifiées par les différents obstacles qui lui résistent plus ou moins sur son passage, etc.

Il résulte de ce qui précède, qu'il faut s'appuyer sur l'ensemble des effets produits à chaque endroit et sur ceux qui sont caractéristiques pour y déterminer le sens général de la rotation de la trombe, sans prétendre toujours en expliquer chaque résultat particulier jusque dans ses plus petits détails.

Malgré mes recherches et les questions que j'adressai aux personnes, il me fut impossible de découvrir la moindre trace évidente de la foudre sur les divers corps que le météore avait atteint ou sur les autres.

M. Hébert me dit que la commission scientifique, dont je n'ai vu aucun membre, était arrivée au même résultat.

Quant aux durées des dégâts dans les divers endroits que le météore parcourut, les différentes personnes les ont estimées depuis quelques secondes jusqu'à une minute ou une minute et demie; mais aucune n'avait mesuré le temps.

Il n'est pas douteux que cette durée varia notablement d'un endroit à l'autre selon que le météore y rencontra plus ou moins de résistance, qu'il produisit plus ou moins de dégâts, qu'il y transporta plus ou moins de corps venant de plus ou moins loin, etc.

On peut encore ajouter que la position de chaque personne, ses occupations, sa frayeur, etc., influèrent certainement sur l'instant où elle fit attention à l'origine de ces désastres et même à la fin ainsi que sur l'estime du temps de leur durée.

A l'égard des oiseaux et des deux pigeons trouvés morts après la trombe ainsi qu'au sujet des poules qui disparurent, dont le corps de l'une fut fracassé, il me paraît certain que cette dernière avait dû être jetée fortement contre un ou plusieurs objets résistants : quant aux autres volatiles, elles pouvaient avoir péri en rencontrant divers objets fixes, mobiles, transportés, etc., on même par les seules actions variables du météore.

Conclusions. Il est impossible d'attribuer ce météore aux deux coups ordinaires de tonnerre que l'on entendit longtemps auparavant (une heure selon les uns, une demi-heure suivant d'autres et même un quart d'après une personne, sans qu'aucun ait pu dire sur quoi il basait son estime), non plus qu'à celui qui le précéda ou à celui qui l'accompagna en produisant probablement l'éclair que vit une personne et le feu remarqué au-dessus des hauts arbres qui entourent la cuve de Douvres.

La faible hauteur 27 pouces du baromètre observée par M. Duhamel immédiatement avant le météore fut sans aucun doute la cause première des divers courants d'air qui vinrent pour rétablir l'équilibre dans la partie ou les parties plus ou moins raréfiées de l'atmosphère, dont la réunion des actions engendra la rotation de *droite à gauche* de la trombe qui ravagea successivement trois villages importants, dans une largeur de *cent* à *deux cents mètres* et sur *six kilomètres* de longueur, avant de parvenir à la mer sur laquelle son action fut encore énergique.

En terminant ce que j'avais à dire sur cette trombe si désastreuse, et qui heureusement n'a occusionné la mort de personne, je dois remercier tous ceux auxquels je me suis adressé, pour leur bienveillance, pour l'empressement qu'ils mirent à me montrer les différentes particularités des dégâts, à me donner tous les renseignements qu'ils croyaient utiles, à répondre aux questions que je leur faisais, etc.

Observation. Les trois trombes que j'ai observées et décrites dans ma *Capillarité*, n° 117, dans sa *suite*, n°s 2 et 3, et ci-dessus tournaient de *droite à gauche*. Les deux premières allaient du sud au nord et la dernière du S.-O. au N.-E. J'ignore si le hasard les a fait tourner et diriger ainsi ou si le mouvement de la terre y est pour quelque chose.

EXAMEN DES ACTIONS DE LA LUNE ET DU SOLEIL

SUR LES ÉLÉVATIONS DE MER

QUE PRODUISENT LES MARÉES POUR MODIFIER LA VITESSE

DE LA ROTATION DE LA TERRE.

---

38. En représentant par *un* la pesanteur à la surface de la terre, 0,163 est celle qui existe à la surface de la lune.

$9^m,8$ est la vitesse qu'acquièrent les corps en tombant librement dans le vide pendant $1''$ à la surface de la terre. et par suite $9^m,8 \times 0,163 = 1^m,5974$ représente celle qu'acquièrent les corps qui tombent librement pendant $1''$ à la surface de la lune.

Il est bon de remarquer, en passant, que les quantités $9^m,8$ et $1^m,5974$ sont proportionnelles aux attractions 1 et 0,163 de la terre et de la lune à leurs surfaces.

En représentant par *un* le rayon CA de la terre, fig. 10, celui LM de la lune est 0,27 et la distance CL des centres de la terre et de la lune est 60.

On a $\overline{LC}^2 : \overline{LM}^2 :: 1^m,5974 : x = 0^m,000032347$ qui représentent la vitesse que l'attraction lunaire imprime au corps situé en C pendant $1''$ de temps.

$\overline{LA}^2 : \overline{LM}^2 :: 1^m,5974 : y = 0^m,000033453$ *idem* A *idem* $0^m,000001106$ est donc l'excès que l'attraction lunaire, pendant 1″ de temps, fait acquérir aux corps situés en A sur ceux qui sont en C.

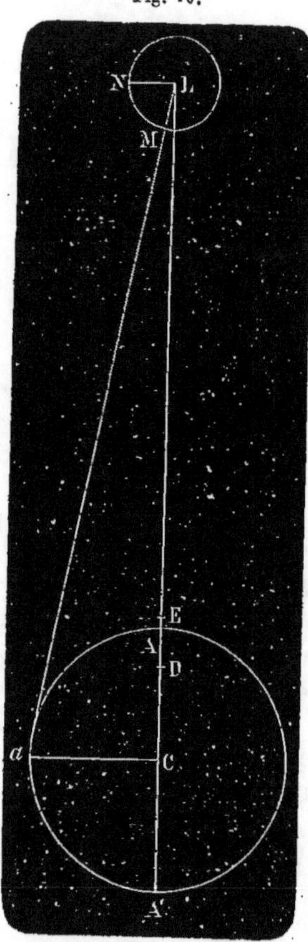

Fig. 10.

L'attraction de la lune en A y réduit donc à $9^{m},8 - 0,^{m}000001106 = 9^{m},799998894$ la vitesse que les corps acquièrent en y tombant librement pendant 1″ de temps.

En A, l'attraction terrestre est donc diminuée de

$$\frac{0,000001106}{9,8} = \frac{1}{8860759}.$$

Si AD représente la profondeur de la mer en A, il faut que sa surface s'élève jusqu'en E pour compenser l'affaiblissement de son poids occasionné par la lune, et l'on a

$$9,799998894 : 9,8 :: AD : DE \text{ puis}$$
$$9,799998894 : AD :: 9,8 - 9,799998894 : DE - AD = AE;$$

d'où $AE = \dfrac{0,000001106}{9,799998894} \times AD = \dfrac{1}{8860758} \times AD.$

Il faut donc que la profondeur AD de la mer en A soit de 8860758 millimètres ou de 8860^m,758, près de 9 kilomètres, pour que l'eau s'y élève de *un millimètre* par l'attraction de la lune.

On trouverait de même que l'excès de l'attraction de la lune L en C sur celle qui a lieu en A′ ferait élever la mer en A′ d'un peu moins qu'en A pour une même profondeur de i'eau.

Passons maintenant à la détermination de la composante suivant le rayon en aC, perpendiculaire à CL de l'action de la lune L en a.

Pour éviter le calcul de l'hypothénuse aL du triangle rectangle aLC. nous supposerons aL = CL, ce qui augmentera de très-peu l'attraction réelle de la lune L en a.

Le rayon LN de la lune étant vu de la terre sous l'angle de 16′, le rayon aC de la terre est sensiblement vu de la lune sous

l'angle aLC de $16' \times \dfrac{aC}{LN} = 16' \times \dfrac{1}{0,27} = 59'\ldots 16''.$

La composante de l'attraction de la lune L en a suivant le rayon aC est donc telle qu'elle y imprimerait aux corps, pendant 1″ de chute, une vitesse exprimée par 0^m,000032347 cos.LaC = 0^m,000032347 sin. CLa = 0^m,000032347 sin. 59′... 16″ = 0^m,000000558.

Cette quantité qui est réellement un peu trop grande, surpasse très-peu la moitié 0^m,000000553 de 0^m,000001106; d'où il suit que l'on peut admettre que la lune L abaisse de 1/2 millimètre la mer en a, si sa profondeur y est de 8860^m,758 comme en A.

Si la terre était entièrement recouverte de 9 kilomètres d'eau les actions de la lune feraient seulement varier de 1^{mm},5 son niveau à l'équateur terrestre.

Il suit de là que les actions de la lune sur les marées pour modifier le mouvement de la rotation de la terre sont réellement insensibles, puisqu'il faut une élévation de *un mètre* dans un cercle ayant 675 kilomètres de rayon (12° de diamètre à l'équateur terrestre) et que son centre soit à 45° à l'est de la lune pour la retarder de 6″ par siècles. *Voyez* le mémoire de M. Delaunay dans les *Comptes rendus*, t. 61, 2ᵉ semestre de 1865, p. 1023.

Si l'on objecte que la mer a plus de 9 kilomètres de profondeur à certains endroits, on répond qu'elle en a moins dans la majeure partie de son étendue.

On peut ajouter que les continents et les îles diminuent l'étendue sur laquelle la lune agit pour faire varier les niveaux des mers.

Les marées, qui sont assez considérables auprès de certaines côtes, proviennent de l'accumulation des eaux courantes contre les obstacles qu'elles rencontrent.

L'heure de l'établissement de la marée dans un port indique aussi l'angle que fait le méridien du lieu avec celui que détermine la lune, les jours des syzygies, à l'époque de la haute mer.

Ainsi l'établissement d'un port à $\begin{cases} 3 \text{ heures du soir} \\ 9 \text{ heures du matin} \end{cases}$ indique que le méridien de la lune est à 45° à $\begin{cases} \text{l'ouest} \\ \text{l'est} \end{cases}$ de celui du lieu, lors de la haute mer, les jours des syzygies.

Les jours suivants, la haute mer arrive lorsque la lune est à 45° à $\begin{cases} \text{l'ouest} \\ \text{l'est} \end{cases}$ du méridien du lieu.

Les actions de la lune sur les marées dont l'établissement a lieu depuis $\begin{cases} 6 \text{ heures du matin jusqu'à midi accélèrent} \\ \text{midi jusqu'à 6 heures du soir retardent} \end{cases}$ la vitesse de la rotation de la terre.

Dans les « tableaux des vents, des marées et des courants

sur toutes les mers du globe, par Ch. Rommes, » on peut voir que les divers établissements des marées ont lieu à toutes les heures de la journée.

Aux syzygics le soleil agit comme la lune pour faire varier les niveaux des mers, et aux quadratures il agit en sens contraire avec la même énergie : en ajoutant à ce qui précède qu'en chaque endroit la haute mer retarde de vingt-quatre heures pendant une lunaison, il s'ensuit que les actions du soleil sur les marées ne peuvent avoir qu'un effet à très-peu près insensible pour influencer la vitesse de la rotation de la terre.

Il résulte de tout ce qui précède que les actions de la lune et du soleil sur les marées ne peuvent avoir qu'un effet à très-peu près insensible pour influencer la vitesse de la rotation de la terre.

EXPLICATION DE LA MANIÈRE DONT LA GARANCE COLORE LES OS LONGS DES ANIMAUX.

---

39. La garance introduite dans les aliments des animaux colore d'autant plus profondément leurs os longs, à partir de l'extérieur, que le régime est plus prolongé.

En ne mettant plus de garance dans les aliments, la portion colorée de chaque os long s'enfonce de plus en plus, et sa surface se décolore d'autant plus profondément que le dernier régime est plus prolongé.

En remettant de la garance dans les aliments, l'extérieur de chaque os long se colore de nouveau pendant que la partie non colorée s'enfonce de plus en plus ainsi que la portion colorée qui lui est intérieure. On peut continuer ces alternatives autant de fois qu'on le veut.

On en a conclu que chaque os long s'accroît par sa surface extérieure et que son intérieur est absorbé par la moelle.

S'il en était ainsi, le diamètre extérieur de chaque os long augmenterait indéfiniment ainsi que celui de son intérieur.

On peut ajouter que la moelle ne dissout pas les os, qu'elle ne contient pas de phosphate calcaire, et enfin on se demande ce que devient le phosphate de chaux de la partie intérieure de l'os qui est ou non absorbée par la moelle.

Ces objections capitales me paraissent suffisantes pour

détruire complétement l'explication précédente que l'on donne sur la manière dont les os longs se colorent.

Le fluide ou les fluides plus ou moins chargés de garance, qui pénètrent par la surface extérieure d'un os long, colorent cette dernière ainsi que les couches concentriques qui lui sont intérieures, jusqu'à ce que l'affinité de chaque liquide pour la garance qui lui reste soit égale à celle de l'os.

Cette action continue à augmenter l'épaisseur de la portion colorée de chaque os long tant que dure le régime à la garance.

En supprimant la garance de l'alimentation, le fluide ou les fluides non colorés, qui continuent à pénétrer dans l'os, enlèvent successivement de la garance à la partie extérieure pour en déposer ensuite dans les premières couches non assez colorées qu'ils rencontrent; d'où il suit que la couche colorée qui partait de la surface s'enfonce de plus en plus.

Si l'on reprend ensuite le régime à la garance, l'extérieur de chaque os long se colore de nouveau, et les mêmes fluides agissent ensuite sur la couche colorée intérieure, dès qu'ils y parviennent, comme leurs analogues l'avaient fait précédemment sur la couche colorée extérieure en l'enfonçant de plus en plus.

Une nouvelle suppression de la garance fait enfoncer, comme ci-dessus, les diverses couches colorées, et ainsi de suite autant de fois que les animaux sont alternativement soumis au régime de la garance et à sa suppression dans les aliments.

En donnant, pendant le même temps, à des animaux pareils en âge, force, etc., des quantités différentes de garance par jour, l'épaisseur colorée du même os long dans chaque animal sera d'autant moindre qu'il aura reçu moins de garance, si mon explication est la véritable; dans le cas contraire, l'épaisseur colorée du même os long sera égale dans tous les animaux, puisque leur grossissement aura été le même; mais pour chacun la coloration sera d'autant plus faible que la garance employée aura été moindre.

On peut varier l'expérience précédente sur des animaux

pareils en âge, force, etc., en donnant à chacun la même
quantité totale de garance; mais en la faisant durer un certain temps pour les uns, le double du même temps pour les
autres, etc. Si mon explication est la véritable, l'épaisseur
d e la coloration du même os long sera la même pour tous
les animaux ; dans le cas contraire, cette épaisseur sera pro-
p ortionnelle au temps de l'alimentation à la garance, et l'intensité de la coloration en sera inverse.

RÉFLEXIONS SUR L'OUVRAGE DE M. FLOURENS,
INTITULÉ :

---

40. A la page 85 M. Flourens s'exprime ainsi :

« Tant que les os ne sont pas réunis à leurs épiphyses,
« l'animal croît; dès que les os sont réunis à leurs épiphyses,
« l'animal cesse de croître.

« On a vu, par mon précédent chapitre, p. 42, que,
« dans l'homme, cette réunion des os et des épiphyses
« s'opère à vingt ans.

« Elle se fait dans le chameau à 8 ans; dans le cheval, à 5;
« dans le bœuf, à 4; dans le lion, à 4, dans le chien, à 2;
« dans le chat, à 18 mois; dans le lapin, à 12; dans le co-
« chon d'Inde, à 7; etc.

« Or l'homme vit 90 ou 100 ans; le chameau en vit 40,
« le cheval 25, le bœuf 15 à 20; le lion vit environ 20 ans;
« le chien 10 à 12, le chat 9 à 10; le lapin vit 8 ans, le co-
« chon d'Inde de 6 à 7; etc., etc.

« Le rapport indiqué par Buffon touchait donc de bien
« près au rapport réel. Buffon dit que chaque animal vit à
« peu près six à sept fois autant de temps qu'il en met à
« croître. Le rapport supposé était donc 6 ou 7; et le rapport
« réel est 5, ou à fort peu près.

« L'homme est 20 ans à croître, et il vit cinq fois 20 ans,
« c'est-à-dire 100 ans; le chameau est 8 ans à croître et il
« vit cinq fois 8 ans, c'est-à-dire 40 ans (Aristote, *Histoire des*

« *animaux*, liv. vi, chap. xxvi, dit 50 ans; il dit 30, liv. viii,
« chap. ix); le cheval est 5 ans à croître, et il vit cinq fois
« 5 ans, c'est-à-dire 25 ans, et ainsi des autres.

    « Nous avons donc un caractère précis, et qui nous donne
« d'une manière sûre la durée de l'accroissement : la durée
« de l'accroissement nous donne la durée de la vie. Tous les
« phénomènes de la vie tiennent les uns aux autres par une
« chaîne de rapports suivis : la durée de la vie est donnée
« par la durée de l'accroissement; la durée de l'accroisse-
« ment est donnée par la durée de la gestation (1); la durée
« de la gestation par la grandeur de la taille, etc., etc. Plus
« l'animal est grand, plus la gestation se prolonge : la ges-
« tation du lapin est de 30 jours; celle de l'homme est de
« 9 mois; celle de l'éléphant est de près de 2 ans (elle est
« d'environ 20 mois).

    A la page 72 : « Chaque espèce a sa durée déterminée de
« gestation. Dans l'espèce du *lapin*, la gestation dure 30
« jours; dans celle du cochon d'*Inde*, 60; la chatte porte 56
« jours, la chienne 64; la lionne 108; etc., etc. »

    En observant que la durée de la gestation est moyenne-
ment de 9 mois à 9 1/2 pour la vache, de 11 1/2 pour la ju-
ment, plus encore pour l'ânesse, il en résulte que ces durées
ne sont guère en rapport avec les grandeurs de ces animaux, dont la nourriture est cependant la même.

    Les gestations du *lapin*, du *cochon d'Inde*, de la *chatte*, de
la *chienne* sont loin d'être données par la grandeur de la
taille.

    Les données des trois tableaux qui suivent sont extraits de
l'ouvrage de M. Flourens.

    Les données précédentes conduisent au *tableau* suivant
pour les *rapports* entre les durées des vies des animaux et
celles de leurs croissances.

---

    (1) Il suit de là que la durée de la vie est aussi donnée par la durée de
la gestation.

Noms des êtres organisés.	Rapports des vies aux croissances.
Homme.	$\dfrac{95 \text{ ans}}{20 \text{ ans}} = 4,75.$
Chameau	$\dfrac{40 \text{ ans}}{8 \text{ ans}} = 5$
Cheval.	$\dfrac{25 \text{ ans}}{5 \text{ ans}} = 5$
Bœuf. . . . . , . . .	$\dfrac{17,5 \text{ ans}}{4 \text{ ans}} = 4,38$
Lion	$\dfrac{20 \text{ ans}}{4 \text{ ans}} = 5$
Chien	$\dfrac{11 \text{ ans}}{2 \text{ ans}} = 5,5$
Chat.	$\dfrac{9,5 \text{ ans}}{1,5 \text{ ans}} = 6,33$
Lapin..	$\dfrac{8 \text{ ans}}{1 \text{ an}} = 8^{\cdot}$
Cochon d'Inde.	$\dfrac{6,5 \text{ ans}}{7 \text{ mois}} = 11,14$

Les six premiers *Rapports des vies aux croissances* diffèrent peu ; mais il n'en est pas de même des deux derniers, dont le plus grand 11,14, qui correspond au cochon d'Inde, est 2,54 fois le plus petit 4,38, qui est relatif au bœuf.

Les données précédentes conduisent au *tableau* suivant pour les *Rapports* entre les durées des vies des animaux et celles de leurs gestations.

Noms des êtres organisés.	Rapports des vies aux gestations.
Homme.	$\dfrac{95 \text{ ans}}{9 \text{ mois}} = 126,67$
Chameau.	$\dfrac{40 \text{ ans}}{\text{inconnue}} = \text{indéterminé.}$
Cheval	$\dfrac{25 \text{ ans}}{11,5 \text{ mois}^{1}} = 26,09$
Bœuf..	$\dfrac{17,5 \text{ ans}}{9,25 \text{ mois}^{1}} = 22,70$

______

(1) Ces deux nombres ne sont pas extraits de l'ouvrage de **M. Flourens.**

$$\text{Lion} \dots \dots \quad \frac{20 \text{ ans}}{108 \text{ jours}} = 67,59$$

$$\text{Chien} \dots \dots \quad \frac{11 \text{ ans}}{64 \text{ jours}} = 62,73$$

$$\text{Chat} \dots \dots \quad \frac{9,5 \text{ ans}}{56 \text{ jours}} = 61,92$$

$$\text{Lapin} \dots \dots \quad \frac{8 \text{ ans}}{1 \text{ mois}} = 96$$

$$\text{Cochon d'Inde} \dots \quad \frac{6,5 \text{ ans}}{2 \text{ mois}} = 39$$

Les *Rapports des vies aux gestations* sont généralement très-différents entre eux : le plus grand 126,67 est 5,58 fois le plus petit 22,70.

Les données précédentes conduisent au *tableau* suivant pour les *rapports* entre les durées des croissances des animaux et celles de leurs gestations.

Noms des êtres organisés.		Rapports des croissances aux gestations.

$$\text{Homme} \dots \dots \quad \frac{20 \text{ ans}}{9 \text{ mois}} = 26,67$$

$$\text{Chameau} \dots \dots \quad \frac{8 \text{ ans}}{\text{inconnue}} = \text{indéterminé}$$

$$\text{Cheval} \dots \dots \quad \frac{5 \text{ ans}}{11,5 \text{ mois}^{1}} = 5,22$$

$$\text{Bœuf} \dots \dots \quad \frac{4 \text{ ans}}{9,25 \text{ mois}^{1}} = 5,19$$

$$\text{Lion} \dots \dots \quad \frac{4 \text{ ans}}{108 \text{ jours}} = 13,52$$

$$\text{Chien} \dots \dots \quad \frac{2 \text{ ans}}{64 \text{ jours}} = 11,41$$

$$\text{Chat} \dots \dots \quad \frac{1,5 \text{ an}}{56 \text{ jours}} = 9,78$$

$$\text{Lapin} \dots \dots \quad \frac{1 \text{ an}}{1 \text{ mois}} = 12$$

$$\text{Cochon d'Inde} \dots \quad \frac{7 \text{ mois}}{2 \text{ mois}} = 3,5$$

---

(1). Ces deux nombres ne sont pas extraits de l'ouvrage de M. Flourens.

Les *Rapports des croissances aux gestations* sont tels que leurs comparaisons conduisent à des nombres qui surpassent encore les précédents : le plus grand 26,67 est 7,62 fois le plus petit 3,5.

On devait s'attendre à trouver des rapports très-différents, surtout dans les deux derniers *tableaux*; car les poulains, les veaux, etc., sont tellement développés en naissant qu'ils ressemblent à leurs parents, qu'ils marchent, gambadent, sont couverts de poils, etc., tandis que les enfants, les petits de la chienne, de la chatte, de la lapine, etc., sont si faibles et si peu développés en naissant, que c'est avec peine qu'ils remuent leurs membres, que les derniers sont dépourvu s de poils, etc.

On peut observer que les petits des animaux à bourse (sarigue, etc.) sortent de leurs mères dans un état si peu avancé qu'ils sont obligés d'entrer dans la bourse qu'elle porte sous le ventre pour y continuer leur développement.

Si l'on pouvait établir des comparaisons analogues aux précédentes relativement aux oiseaux, on arriverait probablement à des rapports aussi discordants que ceux des mammifères : en effet, les petits de la poule, de la perdrix, de la caille, de la canne, etc., sortent assez développés de l'œuf pour marcher, courir, chercher leur nourriture; tandis que ceux des carnassiers, des chanteurs, etc., sont si faibles que c'est avec peine qu'ils élèvent la tête pour ouvrir le bec afin de recevoir la nourriture apportée par leurs parents.

A la page 90 et à sa suite, M. Flourens dit que des chevaux ont vécu 50 ans, des chiens 20, 23, 24, des chats 18 et 20; d'où il conclut que la vie extrême de l'homme est deux fois 100, ou 200 ans.

Il dit aussi que le lion vit ordinairement 20 ans et qu'il peut aller jusqu'à 40 et même 60. En partant de là, on pourrait en conclure, comme ci-dessus, que la vie extrêm e de l'homme est 200 et même 300 ans.

Dans l'*Annuaire du bureau des longitudes*, de 1847, p. 183, on trouve :

TABLE II. *Loi de la population en France pour un million de naissances annuelles.*

Cette *Table* indique 431 personnes âgées de 100 ans et au delà, puis 260 de 101 ans et au delà; d'où il suit que sur un million de naissances annuelles, il reste 431 personnes au bout de 100 ans; cela donne une personne qui parvient à

$$100 \text{ ans sur } \frac{1,000,000}{431} \text{ ou } 2,320 \text{ naissances.}$$

Il n'est donc pas possible de porter jusqu'à *cent ans* la *vie normale* de l'homme, sans changer la signification du mot *normal.*

On peut ajouter à ce qui précède que la plupart des statisticiens ont constaté que les âges indiqués surpassent généralement les réels dans les actes mortuaires des centenaires, de ceux qui en approchent et à plus forte raison de ceux qui dépassent le siècle.

Dans la commune de Bernières-sur-Mer, où je suis né, qui est située à dix-huit kilomètres au N.-N.-O. de Caen et qui à près de quinze cents habitants, je n'ai jamais entendu dire qu'il y ait eu un centenaire. On m'a dit qu'une femme, que j'ai connue, y était décédée à 99 ans.

Un homme qui demeurait à Bernières me dit qu'il irait le dimanche suivant voir sa mère à Luc, situé à six kilomètres à l'E.S.-E. de Bernières, qui avait 99 ans et qui allait encore à la messe.

Une autre femme, qui allait presque tous les jours chez ma sœur, indiqua exactement son âge jusqu'à 85 ans, puis ensuite elle augmenta continuellement l'excès de son âge que ma sœur connaissait exactement; car elle avait lu son acte de naissance.

En ma présence, cette même personne indiqua les âges de ses deux fils; d'où il résultait qu'ils étaient plus âgés que moi. Je lui fis observer qu'ils avaient été conscrits après moi.

Dans la petite commune de Cresserons, éloignée de sept kilomètres au S.-E. de Bernières, où j'assistais à l'inhumation d'une cousine par alliance, son gendre dit qu'elle avait 98 ans, d'après son acte de naissance qu'il avait été voir sur les registres de la mairie. Le ministre protestant indiqua de bonne foi cet âge dans le discours qu'il fit sur la tombe. Peu après on reconnut qu'elle avait 89 ans, comme ses deux filles le croyaient. Le gendre avait pris l'acte de naissance de la sœur aînée de sa belle mère pour celui de cette dernière. Les deux sœurs portaient un même prénom : Élisabeth.

A l'égard de Louis Cornaro, d'une constitution faible et auquel les médecins ne donnaient plus que deux ans de vie à l'âge de 35 ans, et qui devint centenaire ou à peu près en changeant ses habitudes funestes en un régime très-sévère, dont parle M. Flourens à la page 11, j'observerai qu'il ne faut pas confondre une constitution faible, dont tous les organes remplissent convenablement leurs fonctions au moyen de leurs énergies correspondantes quoique faibles, avec une mauvaise constitution, qui provient ordinairement de ce que les fonctions de certains organes faibles ne peuvent pas correspondre, sans excès de fatigue, aux exigences des autres organes qui ont trop de vigueur relativement aux premiers.

Sur six enfants de la famille de feu mon père, qui parvinrent à 50 ans et au delà, une fille jumelle, l'autre mourut presqu'en naissant, était la plus jeune; elle avait une faible constitution, mangeait peu et avait peu de force; cependant elle vécut 85 ans, et aucun des cinq autres enfants n'atteignit 80 ans, quoique étant chacun plus fortement constitué et plus fort qu'elle.

A la page 74, M. Flourens dit que Haller rassembla beaucoup de longues vies, parmi lesquelles se trouve celle de Thomas Parr, du comté de Shrop (Angleterre), page 255, mort à 152 ans par suite d'une indigestion provenant de son changement de nourriture à la cour de Charles Ier, roi d'Angleterre, qui avait voulu le voir.

L'ouverture de son corps prouva que tous ses organes étaient encore en très-bon état; ce qui ne peut pas trop bien s'accorder avec une existence que l'on porte au delà d'un siècle et demi.

Un autre, Henri Jenkins, du comté d'York (Angleterre), page 255, était parvenu jusqu'à 169 ans.

Le peu de soin que l'on mettait à tenir et à conserver les actes de naissance, aux époques dont parle Haller, et le défaut de renseignements sur ces longues vies, me font douter de l'exactitude des deux âges indiqués et même de la plupart des autres qui étaient au-dessous de 152 ans

Dans une famille voisine de la maison où je suis né, le prénom *Jean* a été donné pendant quatre générations successives. Ne pourrait-on pas par erreur rapporter l'un de ces actes de naissance au fils de celui auquel il appartient réellement?

Au petit village de Periers, situé à un myriamètre au S.-E. de Bernières et à un myriamètre au N. de Caen, un homme y est décédé à 111 ans, d'après les renseignements que me donna la veuve du maire.

Le maire écrivit à l'endroit où cet homme était né; on n'y trouva pas son acte de naissance, mais on avait celui de son frère, qui était décédé et qui aurait eu 108 ans à cette époque; or le premier avait toujours dit que son frère avait trois ans moins que lui. C'est le plus âgé sur lequel j'ai eu des renseignements qui me paraissent certains.

A la page 38, M. Flourens porte jusqu'à 10 ans la première enfance, jusqu'à 20 l'adolescence, jusqu'à 30 la première jeunesse, jusqu'à 40 la deuxième, jusqu'à 55 le premier âge viril, jusqu'à 70 le deuxième, jusqu'à 85 ans la première vieillesse et la deuxième jusqu'à la mort.

Ces âges me paraissent généralement exagérés, d'après les idées communes sur les valeurs des expressions employées pour les désigner.

Dans nos climats tempérés, il me semble que l'on peut dire généralement du peu de personnes qui parviennent à 75 ou 80 ans qu'elles ont perdu leur vigueur, l'énergie de leurs forces, et enfin qu'il ne leur reste plus qu'à s'éteindre, après un temps plus ou moins long, si une indisposition ou un accident ou etc., ne viennent pas hâter la fin de leur frêle existence.

Je ne connais aucune donnée officielle ou sérieuse relativement à la durée de la vie dans les diverses contrées équatoriales et du Nord.

Voici ce que je peux dire à leur égard :

On regarde généralement les peu nombreuses populations du Nord comme vivant plus longtemps que nous, et les immenses populations des pays chauds comme ayant une existence moins longue. Dans la plupart de ces derniers endroits, les filles se marient dès 11 à 12 ans, et l'on dit que la plupart des habitants les mieux constitués, y sont vieux à 60 ans. Je ne pense pas qu'il y ait des centenaires.

Aux pages 104, 105, etc., M. Flourens dit que la quantité de vie sur la terre ne varie pas, que la diminution ou la destruction des animaux inutiles ou nuisibles à l'homme dans les pays civilisés, est seulement compensée par l'augmentation de ceux qui lui sont utiles.

Dans les pays cultivés, la quantité de production des végétaux est évidemment bien supérieure à celle que le même sol inculte produirait; et, de plus, la valeur de la même quantité des récoltes, recueillies dans les temps convenables, surpasse celles des produits naturels.

L'homme répartit convenablement, pendant chaque année, cette plus grande quantités de végétaux, de grains, de fruits, de racines, etc., pour nourrir le plus grand nombre possible d'animaux qui lui sont utiles pour ses divers besoins.

Dans les pays incultes, les produits naturels du sol sont bien plus considérables dans l'été que durant l'hiver, et, de plus, rien ne répartit convenablement cette irrégularité pendant le cours de l'année, comme le fait l'homme dans les pays cultivés; d'où il suit que les divers animaux sauvages sont réduits à la quantité de ceux qui peuvent subvenir à leurs besoins pendant l'hiver, lesquels sont nécessairement en nombres très-insuffisants pour consommer l'abondance relative des produits de l'été.

Il résulte de ce qui précède que la quantité de vie dans chaque endroit est d'autant plus considérable que le pays se trouve mieux cultivé.

MÉMOIRE SUR L'OIDIUM TUCKERI QUI CONDUIT AUX GÉNÉRATIONS SPONTANÉES.

41. Le 7 mai 1866, je lus ce mémoire à l'Académie des sciences.

En 1845 et 1846, le jardinier Tucker reconnut qu'une maladie avait attaqué la vigne dans des serres de Margate, situées dans le voisinage de Cantorbéry, en Angleterre.

En 1847, cette maladie s'étant très-étendue dans les serres de Margate et sur les treilles des environs, un professeur, le révérend docteur Berkeley, publia dans le *Gardener's chronicle* de 1847 les observations qu'il avait faites sur cette maladie, et il affirma qu'elle était produite par un cryptogame de la famille des mucédinées auquel il donna le nom d'*Oïdium Tuckeri*, pour conserver le nom du jardinier qui l'avait observée le premier.

Peu après, la même maladie fut observée par le jardinier Pavart dans les serres de M. le baron de Rothschild, situées à Surènes, près Paris, et ensuite elle parut sur les treilles du potager de Versailles.

M. Forest signala cette invasion à la Société d'horticulture dans les séances du 4 octobre 1849 et du 21 mars 1850.

Le 6 septembre 1849, la même Société constata la maladie sur les treilles de M. Gontier, situées à Montrouge, près Paris.

Le 1ᵉʳ mai 1850, M. le docteur Montagne entretint la Société d'agriculture de cette maladie qu'il attribua au cryptogame déjà signalé par le docteur Berkeley.

A partir de cette époque l'oïdium envahit successivement des vignes cultivées aux environs de Paris, dans les départements, en Italie, en Grèce, en Asie Mineure, en Algérie, etc.

En observant que l'oïdium parut d'abord dans une culture forcée à Margate, en Angleterre, où il n'y a pas de vignobles, il est difficile, pour ne pas dire impossible, de ne pas l'attribuer à une *Génération spontanée*.

J'ajouterai qu'il me paraît impossible d'expliquer ou même de soupçonner d'où pouvaient provenir les sporules ou autres moyens de propagation de l'oïdium qui se développa d'abord dans les serres de Margate.

Si l'on ne veut pas reconnaître une *Génération spontanée* dans les serres de M. Rothschild, il faut admettre que des sporules de l'oïdium sont partis d'Angleterre, ont traversé la mer, passé au-dessus d'un grand nombre de treilles et de vignobles pour venir attaquer des vignes plus ou moins renfermées à Surènes, qui est situé dans un endroit aux environs duquel il y a beaucoup de treilles et de vignobles.

Ce qui précède, est d'autant moins admissible que l'on sait trop bien avec quelle facilité la maladie de la vigne s'est successivement étendue à partir de l'époque à laquelle les serres de M. Rothschild furent attaquées.

On objectera peut-être que ce qui précède ne résulte pas d'expériences faites par moi ou par d'autres ; mais on répond aisément que ce sont des conséquences logiques déduites des faits naturels et incontestables qui ont été observés, lesquels sont bien supérieurs aux expériences qui ont été faites ou tentées contre les *Générations spontanées*.

M. du Puits, du département de la Gironde, dit qu'en 1834, il avait observé la maladie de la vigne sur les bords du Rhône.

Jusqu'à présent, cette assertion ne paraît point appuyée de preuves suffisantes; d'ailleurs on peut ajouter que cette maladie aurait dû se répandre dans les environs, comme elle l'a fait auprès des serres de Margate et à partir de celles de Surènes.

A part ce que dit M. du Puits, les vignerons les plus âgés ne se rappellent pas d'avoir vu la vigne soumise à une influence nuisible, semblable à la maladie actuelle.

On a parlé de deux passages de Théophraste et d'un de Pline dans lesquels des érudits ont cru reconnaître la maladie actuelle de la vigne; mais les descriptions que ces auteurs donnent sont loin de s'accorder avec les effets de l'oïdium Tuckeri.

Les érudits n'ont pas été plus heureux en rappelant ce que dit Ramazzini d'un champignon rouge qui avait attaqué les fruits en 1690, ainsi qu'en faisant mention de l'Alcinurgia de Targioni-Tozzetti de Florence (1764).

M. Montagne reconnaîtrait plutôt quelque chose d'analogue à l'oïdium dans l'indication des deux érysiphés décrits dans les œuvres d'un botaniste moderne, M. L. D. Schweinitz, qui a longtemps séjourné en Amérique. Cependant il n'affirme rien.

Si l'oïdium Tuckeri a réellement paru pour la première fois en 1845, c'est incontestablement une *Génération spontanée*; dans le cas contraire, il en résulterait que cet oïdium s'est produit *spontanément* à différentes époques plus ou moins éloignées; car il n'est pas possible de prouver ni même de soutenir sérieusement que ses spores ou ses autres moyens de propagation ont pu se conserver assez longtemps pour se développer ensuite aux époques successives et souvent si éloignées auxquelles on l'aurait observé.

Il est probable qu'un examen sérieux d'autres maladies qui attaquent des êtres organisés (celles des pommes de terre, de la betterave, la carie et le piétain des blés, etc.), conduirait aussi à prouver leurs *Générations spontanées*.

Il convient actuellement de se demander quelles sont les actions naturelles où au moins les principales qui déterminent les *Générations spontanées*.

Malheureusement on est obligé d'avouer que nos connaissances actuelles sont impuissantes pour répondre d'une manière satisfaisante à cette question.

J'observerai que pour une *Génération spontanée*, il suffit de la formation d'une utricule organique dans laquelle il se développe une membrane qui la divise en deux et que le même effet se produise dans la nouvelle utricule gonflée par l'*Endosmose* et ainsi de suite, comme je l'ai indiqué pour expliquer le développement des conferves ainsi que la formation successive des utricules dans les corps organisés, etc. *Voyez* ma définition des *Générations spontanées*, N° 11, ainsi que les N°ˢ 95, 96, 97, 98 de ma *Capillarité*.

Comme on ne manquera certainement pas de m'opposer les expériences de M. L. Pasteur, je me trouve dans l'obligation de les examiner sérieusement pour montrer qu'elles sont bien loin d'avoir la portée que leur attribue l'auteur, qui s'exprime ainsi dans les *Comptes rendus* de l'Académie des sciences, séance du 18 décembre 1865, page 1093. « Pour avoir « des animalcules, que faut-il, dit M. Flourens, si la *Génération* « *spontanée* est réelle ? De l'air et des substances putrescibles. « Or, M. Pasteur met ensemble de l'air et des liqueurs pu- « trescibles et il ne se fait rien. La *Génération spontanée* n'est « donc pas. Ce n'est pas comprendre que de douter en- « core. »

J'avoue sincèrement que je ne comprends pas que l'on puisse exclure ainsi toutes les autres actions naturelles, qui sont si variables selon les circonstances qui les accompagnent pour ne s'occuper que de celles qui se rapportent au nombre si restreint des substances indiquées par M. Flourens.

Il est indispensable d'ajouter que les expériences de M. Pasteur et autres semblables ne devraient même pas être invoquées dans la question des *Générations spontanées*, puisqu'elles exigent l'emploi d'une substance putrescible, qui provient toujours d'un ou de plusieurs corps organisés.

En soumettant à différentes actions les premiers organismes obtenus par des moyens quelconques, je regarde comme probable qu'il en résultera d'autres organismes différents et qui dépendront des agents auxquels on aura soumis les premiers.

Si l'on obtient ces résultats, ils serviront à concevoir les premiers embranchements de l'organisation qui eurent lieu aux époques des *Générations primitives*.

Dans mon « Mémoire sur l'*État primitif de la terre*, sur « les divers *Systèmes géologiques* et sur l'*Apparition des êtres* « *organisés à sa surface* » que j'ai eu l'honneur de lire à l'Académie dans sa séance du 7 août 1865, on peut voir comment j'ai été conduit aux *Générations spontanées* que l'on ferait mieux d'appeler *Générations naturelles*.

Les *Générations spontanées* prouvent que la nature conserve encore ses divers moyens de production.

Pour terminer, je dirai qu'il est difficile, pour ne pas dire impossible, de fixer exactement les limites de toutes les espèces que l'on établit plus ou moins artificiellement dans les divers systèmes de classification : cette difficulté augmente encore par les fossiles que l'on découvre continuellement et qui viennent souvent combler plus ou moins des lacunes remarquées dans la série des êtres organisés qui existent actuellement à la surface de la terre.

TABLE DES MATIÈRES.

Paris. — Imprimerie GUSSET et Cᵉ, rue Racine, 26.

www.ingramcontent.com/pod-product-compliance
Lightning Source LLC
Chambersburg PA
CBHW051548050726
47595CB00002B/691